上班赚钱 下班理财

拿工薪，三十几岁你也能赚到600万

林 凯◎著

中国商业出版社

图书在版编目（CIP）数据

上班赚钱，下班理财／林凯著．—北京：中国商业出版社，2013.7

ISBN 978－7－5044－8135－1

Ⅰ．①上…　Ⅱ．①林…　Ⅲ．①财务管理—通俗读物　Ⅳ．①TS976.15－49

中国版本图书馆 CIP 数据核字（2013）第 121678 号

责任编辑：张振学

中国商业出版社出版发行
010－63180647　www.c－cbook.com
（100053　北京广安门内报国寺 1 号）
新华书店总店北京发行所经销
北京毅峰迅捷印刷有限公司
*
710×1000 毫米　16 开　15 印张　200 千字
2013 年 8 月第 1 版　2013 年 8 月第 1 次印刷
定价：29.80 元
* * * *
（如有印装质量问题可更换）

前言 Preface

对许多刚刚步入职场的工薪族来说，理财似乎是一件很遥远的事情。实则不然，理财是自己和自己玩的一场游戏，富人有富人的玩法，上班族有上班族的追求……重要的是，谁都有追求的权利。请相信，最普通的人生，也可以与财富结缘。

纵观我们周围的世界，这是一个金钱的世界，没有钱，就无法生存；没有钱，就没有尊严。之于人，钱真可谓是荣也于此，卑也于此。于是乎，赚钱当然就成了当今社会的潮流，无论我们在想什么，在做什么，在争抢什么，在忙碌什么，钱都是当之无愧的主角，即使主流媒体也以报道大亨大腕的涌现与成长为热点。有钱人受到热捧，并成了有能力、有理想的人的特征，一切向“钱”看虽然不是推动社会发展进步的积极命题，但至少可以肯定一点，在现代社会，能赚钱的人是有头脑的人，是对社会有贡献的人，是会享受生活的人，是受社会尊重的人，在现代社会人们之所以争做有钱人也正说明了这一点。

当然，在整个社会中，所谓真正的富商大贾毕竟还是少数，上班阶层仍占绝大多数。在拿工资的工薪阶层中，因为个人所从事的职业、所担任的职务不同，收入上也还是存在很大差异。有人说，我是一个上班族，只是挣点小钱，除了养家糊口外，也没钱可理啊？而这正说在了理财的要义上，理财并不是有钱人才做的事情，而是越是没钱，越应理财，理财的必要性跟贫富没有必然的联系，而是跟一个人的生活目标相关。上班族多数或许收入不高，也有提高自己的生活质量的要求，但因其资本存量较小，所以更需要通过理财巧妙打点有限资本来达到财富积累的目的。毋庸置疑，在这场“人生经营”的过程中，越穷的人就越输不起，对理财更应要严肃而谨慎地去对待。

但现在有的上班族像鸵鸟一样只知埋头苦干，却不懂得规划自己手上的财富，用钱生钱；有的虽然意识到了财富的重要性，却像守财奴一样不惜以牺牲当前生活水准为代价艰难储蓄，虽然财富也确实在艰难增长，但生活则实无乐趣可言；有的人依靠青春的资本，消耗着明天的资源，大手大脚花钱，他们似乎从不为未来担心。这些人的投资理财意识接近于“零”。他们不会理财、更不懂得投资理财的重要性。

事实上，太多实例证明一个人再能赚钱，如果不会理财，也是成不了富翁的，也就是说，有钱人都是理财高手，甚至可以说，一个人是先具有了理财本领后才成为有钱人的。这也正为我们提醒的“上班族可以通过投资理财赚大钱”提供了佐证。

《上班赚钱，下班理财》就是一本传播财富智慧的价值观和方法论的书，全面为有志改变自己财务状况的上班族进行了详细的说明和指导，目的就是为广大上班族补充理财方面的知识，以提高他们的财商。本书概念清楚、目标明确、案例典型、可操作性强，讲述上班族也可以成为百万富翁并实现梦想的理财奥秘。

“赚钱不在多辛苦，只在思路胜一筹！”在我们看来，这种思路不仅是一种方法，更是一种智慧。如果你拥有了这样的投资理财习惯，你积聚财富的目标就拥有了现实的基础，你的财富也将会轻松地越滚越大。相信读者定能从本书中获益，祝所有读过本书的上班族都能早日从穷忙族变身为有钱人！

目录

五 财富工具：工薪族靠工资不如靠投资

六 收藏投资：让工薪族在玩与欣赏中实现理财目标

七　理财规划：工薪族的幸福理财方案

附录

理财意识：工薪族理财从“理脑”开始

现实中，许多人都有这样一种误解，即：只有能赚钱、会赚钱的人才能成为有钱人。就表象上看，这是事实。但从深层次上分析，这种认识是错误的，其实，善于理财才是一个人能真正成为有钱人的最根本原因，因为理财不仅在为赚钱提供理论上的指导，也在为钱的最合理使用提供手段，可以说是理财使人学会赚钱，又因为理财是人人可学、人人可掌握的，因此，即使自己是一个工薪族，学会理财后，让自己成为一个贵族并不是幻想。

工薪族靠涨薪，不如靠自己理财

作为一名工薪族，首先让我们来计算这样一个问题：假如你想拥有100万，需要花多长时间呢？

如果你的年薪是10万，就算一分钱不花全部存起来，也需要十年；如果你的年薪是20万，同样一分钱不花全部存起来，也需要5年。

经过理财专家调查研究发现，虽然有14%的富人通过集成财产获得财富，但大多数富人都是通过尽心尽力工作，认认真真储蓄，然后在事业上取得成就，并开始抓住投资机会。

巴菲特有句名言：“人生就像滚雪球，最重要的是发现很湿的雪和长长的坡。”事实上，生活中的每个人都知道，增加收入和减少支出是增加存款的基本方法。但是大多数人并不认真管理收入和支出，这其中除了由于人类的惰性外，或者是幻想一夜暴富，也是因为没有掌握收入支出管理的技巧。

钱和人一样，你给它的爱惜越多，它给你的报答也越多。即使只是一点小小的回报，一点一滴聚集起来，也可以成为一笔可观收入。如果以这一笔钱为本钱进行投资或储蓄，那么它增长的速度就会更快。

现实生活里，多数工薪族依靠勤勤恳恳的工作，想换取更多的薪资报酬，从来不敢过度享受，然而生活依然紧巴巴的。其实，工薪阶层如果有了理财的观念，生活就不会如此窘迫。

一般来说，创造财富的途径有两种主要模式。第一种是打工，目前靠打工获取工薪的人占90%左右；第二种是投资，目前这类群体占总人数的10%左右。

一些专业人士对创造财富的两种主要途径进行了分析，发现了一个普遍的结果：如果靠投资致富，财富目标则比打工的要高得多。例如具有“投资第一人”之称的亿万富豪沃伦·巴菲特就是通过一辈子的投资致富，财富达到440亿美元。还有沙特阿拉伯的阿尔萨德王储也通过投资致富，他才50岁，但早在2005年，他的财富就已达到237亿美元，名列世界富豪榜前5名。

通常来说，在个人创造财富方面，比起投资，打工能够达到的财富级别十分有限。但打工所要求的条件和“技术含量”较低，而投资创业需要有一定的特质和条件，因此绝大多数人还是选择打工并获取有限的回报。但事实上，投资是我们每一个人都可为、都要为的事。从世界财富积累与创造的现象分析来看，真正决定我们财富水平的关键，不是你选择打工还是创业，而是你选择了投资致富，并进行了有效的投资。

通用电气前总裁杰克·韦尔奇号称“打工皇帝”，他年薪超过千万美元。巴菲特是世界“投资第一人”。我们可以通过这两个典型人物的财富对比，来揭示打工致富与投资致富的区别。巴菲特40多年前创建伯克希尔·哈撒韦公司的时候，仅投入1500万美元，后来通过全球性多样性的投资，成为世界上最有钱的人之一。韦尔奇拥有超过4亿美元的身价，与巴菲特的440亿美元财富相比，就显得太少了。可见致富方式选择的差别，最终决定了韦尔奇与巴菲特之间存在着那么遥远的财富距离。

贫富的关键在于如何投资理财。巴菲特说过：一生能积累多少财富，不取决于你能够赚多少钱，而取决于你如何投资理财。亚洲首富李嘉诚也主张：20岁以前，所有的钱都是靠双手勤劳换来的，20岁至30岁之间是努力赚钱和存钱的时候，30岁以后，投资理财的重要性逐渐提高。李嘉诚有一句名言：“30岁以前人要靠体力、智力赚钱，30岁之后要靠钱赚钱。”钱找钱胜过人找钱，要懂得让钱为你工作，而不是你为钱工作。为了证明“钱追钱快过人追钱”，一些人研究起了和信企业集团（台湾排名前5位的大集团）前董事长辜振甫和台湾信托董事长辜濂松的财富情况。辜振甫属于慢郎中型，而辜濂松属于急惊风型。辜振甫的长子——台湾人寿总经理——辜启允非常了解他们，他说：“钱放进我父亲的口袋就出不来了，但是放在辜濂松的口袋就不见了。”因为，辜振甫赚的钱都存到银行，而辜濂松赚到的钱都拿出来做更有效的投资。结果是：虽然两个人的年龄相差 17 岁，但是侄子辜濂松的资产却遥遥领先于其叔叔辜振甫。因此，人的一生能拥有多少财富，不是取决于你赚了多少钱，而决定于你是否投资、如何投资。

当然，投资有风险，投资未必能致富，但是如果你不投资，则致富的机会为零。投资理财最重要的观念、最有价值的认识是告诉你：“投资理财可以致富。”

有了这种观念和认识至少可以让你有信心、有决心、充满希望。不管你现在拥有多少财富，也不管你一年能省下多少钱、投资理财的能力如何，只要你愿意，你都能利用投资理财来致富。

理财宝典 »

人的一生能拥有多少财富，不是取决于你赚了多少钱，而是决定于你是否投资，如何投资。

理财改变你的一生

人们常常认为，只有赚很多钱的人才有可能成为富翁。实际上，如果没有养成存钱的习惯，就算赚再多的钱，也不会有更多的积蓄。

在生活中，有一些人薪水很高，但是他们当中的大部分人的生活却谈不上比别人好。理由很简单，钱赚得越多，花得也越多，渐渐地就会对消费失去控制，对金钱的数额失去概念。只有当他们意识到自己每月支出的庞大数额后，他们才会感到惊讶。

谈到理财，一般的人想到的是投资赚钱。有的朋友说："理财啊？我也想啊，有什么好的股票推荐吗？还是买基金，投资房产？或者自己做生意？"当然，理财包括投资赚钱，但不仅仅是这些。赚钱只是一时之事，而理财是一生的财务安排和规划。理财的目的不是赚多少钱，而是保证财务安全，追求财务自由。

但在生活中，很多人把精力放在了如何增加自己的收入上，而不重视如何去管理自己的资产，在他们看来只要自己能挣钱，够花就可以了，不用费心去理财。但是，理财专家告诉我们，你可能会赚钱，但是不一定会理财。实际上，理财是一个观念问题，是一种生活态度。就像牛顿看到苹果掉到地上，瓦特看见蒸汽顶开了烧水壶的盖子，阿基米德观察到了澡盆的水外溢，蔡伦发现了不同一般的树皮，正是他们看到了一些新的东西，由此改变了人类的生活方式。

由此可见，正确的理财方法是确保家庭生活长期稳定的重要途径，也是让家中有限资金保值或增值的必要手段。然而，我们身边许多人却不会让钱去生钱，总是让它"烂"在工资卡里！问其原因？答曰："理财那么麻烦，我才懒得理，也弄不懂。"其实，只要利用简单的加减乘除，便可以打理自己的财富，让你过得更幸福！

事实上，在生活中不管是挣钱还是花钱，我们几乎每天都要与钱打交道，只要与钱打交道，我们就有责任对它做好最基本的管理。

犹太人古老相传的一个理财观念是：80% 原则。就是，世界上 20% 的人占有 80% 的财富，所以要围绕那 80% 考虑投资，因此，犹太人多经营钻石加工等。但这还不是最高明的。

事实上，你不理财，财不理你。要实现经济上的自由，就必须掌握经济的规律；要获得更多的财富，就要学会驾驭金钱的能力。提到理财，人们常常会存在这样的误区，认为理财是有钱人的专利，是投资赚钱。这样的认识是很狭隘的，实际上理财的范围非常广泛，简单地说就是要开源节流、增收节支。核心是投资收益的最大化和个人资产分配合理化的集合，是根据个人对风险的偏好和承受能力，合理安排资金的运用，并使之最大限度的增值的过程。

理财与我们每个人的生活都息息相关。越是经济拮据的人，对风险的抵御能力越差，对改善生活的要求越迫切，便越是需要理财。正是由于工作上的收入极其有限，所以更需要通过理财有效地运用财富，进行合理的资产配置，产生投资收益，改善生活。同时，必须做好危机的防范，以提高抵御风险的能力。

一般穷人认为富人之所以能够致富，好的想法是认为他们比别人多几倍的努力工作，或者更加勤俭节约。不好的想法是认为他们仅凭运气好，甚至是从事不正当的行业。但穷人万万没有想到的是，真正的原因在于他们的理财习惯不同。

投资致富的先决条件是将资产投于高回报率的期望值上，比如股票、基金或房地产。有的人赚很高的薪水，但这并不意味着他的财商高，只是他的工作能力强。有的人在理财过程中，敢于冒险，可能会有很大的斩获，例如100万元的房子卖110万，转手就赚10万元，这也不能算是财商高，只是他的投机能力强加上偶尔运气好。再比如花10万元买了套房子，拿来出租，租金就是稳定的收益。而收益越高，就意味着你的理财能力越强。贫穷者理财，缺的不仅仅是钱，而是行动的勇气、思想的智慧与财商的动机。

《思想致富》中说：“上天赐予我们每个人两样伟大的礼物——思想和时间”。轮到你用这两样东西去决定你自己的前途了。如果把钱毫无计划、不加节制地花掉，那么你满足了一时的欲望，得到了贫穷；如果你多花点心思，把钱投资在可长期回报的项目上，恭喜你会进入中产阶层；如果你有更宏伟的目标，把钱投资于你的头脑，学习如何获取资产，那么财富将装点你的未来并陪伴你终生。

据调查，美国家庭的收入一半来自工资，一半来自投资，投资理财在美国人的生活中扮演着极为重要的角色。而在中国，仅仅有百分之二的收入是来自投资所得的，其他百分之九十八的收入主要还是依靠工资，比例严重失调。即使这样，我们中很多人仍然还没有理财的意识，不去学习掌握投资理财的知识，从而失去了改善自己生活的很多良好机会。

随着经济的发展，投资理财已成为可能。随着我国证券市场在规范中不断发展完善，投资渠道投资工具增多，也拓展了资产增值的渠道。个人进行投资理财规划，是幸福的保障，也是对家人的责任。

对于工薪族而言，难道你不希望自己的财产保值增值吗？我们提倡科学理财，就是要善用钱财，使自己的财务状况处于最佳状态，满足各层次的需求，从而拥有一个幸福的人生。

因此，一个人一生能够积累多少财富，不是取决于你赚了多少钱，而是你将如何投资。致富的关键在于如何开源，而非一味地节约。试问，这世界上又有谁是靠省吃俭用一辈子，将一生的积蓄都存进银行，靠利息而成为知名富翁的呢？

犹太人是世界上最为出色的商人，他们经商的独特之处就在于他们即使有钱也不会存在银行里。他们很清楚这笔账：把钱存在银行里确实可以获得一笔利息收入，但是由于物价的上涨等因素使得银行存款的利率几乎是相抵消了的。所以，犹太人有钱了一般多是投资实业，要么放贷。他们是绝对不会将钱放在银行里“睡觉”的。犹太人这种“不做存款”的秘诀，其实正是一种科学的资金管理方法。

在中国也同样有这样一句俗语叫做“有钱不置半年闲”，这就是一句很有哲理意味的理财经，指出了合理地使用资金，千方百计地加快资金周转速度，用钱来赚钱的真谛。这对于想改变自己生活窘况的工薪族而言也是非常有借鉴意义的。

理财宝典»»

如果现在你手里有多余的钱，你就把它撒出去，什么地方、什么行业赚钱，就把钱撒在什么地方，就是不能把钱搂在怀里。

有钱，让人活得更有尊严

无可否认，人生来就有受到赞美、受到尊重的强烈愿望与倾向，不论民族、文化、历史、家庭、性别和年龄，这是人的共性。但是，在“穷在街头无人问，富在深山有远亲”的今天，没钱就谈不上尊严，有钱才更有尊严。

黄奕是某著名商学院的毕业生，她在实习期间与公司一位有家室的部门经理产生了一段婚外情。当她实习期结束之后，黄奕来到了北京，在一家大型的跨国公司工作。凭借自己所学的专业知识，五年后黄奕小有成就，有车有房，生活无忧。

但是她的情感生活却一直波澜不惊，因为她始终忘不了那个让自己刻骨铭心的情人，后来，她就开始电话联系那位部门经理。有一次，恰巧那位部门经理就在北京出差，黄奕获知此消息后就迫不及待地想去见那位她日思夜想的情人。赴约之前，黄奕为了保持当初学生时的模样，刻意还穿着路边小地摊买来的学生服，看起来简直就像一个家政服务人员一样。

当黄奕怀着无比激动的心情见到昔日的恋人的时候，虽然站在她眼前的仍是一位经理，但自己此时的腰毕竟已经粗了，所以，觉得不像过去一样的显得自卑了，可当那位部门经理看到黄奕的那身打扮，当即就判断出她的经济条件不会很好，就问她现在在做什么工作。黄奕说自己当前没有工作，只是有时候去给朋友打打杂。她还告诉他，到现在还没有结婚。

这时候，那位部门经理的脸突然变白了，他以为她是来找他要钱的，他意味深长地看了她一眼，然后就对她说：“小黄啊，这次出差我也没有带多余的钱，恐怕要让你失望了。”听到部门经理说出这样的话，黄奕开始还没有听明白，等到她看到部门经理那闪烁的眼神后，她顿时感到无比的失望与气愤，原来他将自己看做是靠出卖肉体谋生的女人了。

几年来，她一直将他视为生活中的知己，她以为他是不同于一般的男人的。但是，几年后他竟然会如此地看她。黄奕十分生气，转身就走。此时，她明白了，钱对于一个人来说多么的重要。

任何一个人只有有了钱才能在人前有尊严，因此一个人要有尊严，不能有“靠”的念头，“靠山山倒，靠人人跑”，只有靠自己最好。一个人只有经济上强势了，才会在生活中获得心理上的安宁。一个人生命中的变数太多，伤残、疾病、失业、丧偶等都可能使家庭生计陷入困境，所以不论单身或已婚的人都应该管理好自己的财富。

如果一个人拥有足够多的金钱，他就不会因为生存与家计走上歧路，就不必去死守一份不属于自己的爱情，就不必听别人对自己大放厥词。

但是，在现实生活中还有一种观点就是：“女怕嫁错郎，男怕入错行”。而事实是，任何事物都是可以改变的，嫁错郎也好，入错行也好，结果指的都是经济窘迫，但你决心改变，从现在起你学习理财，窘状就会改变的，你就不会为嫁错郎入错行而抱怨了，在人前也可以挺胸抬头了。

茜茜大学毕业之后就嫁给了一个事业有成的中年男人，过着衣食无忧的生活。这让很多人很是羡慕。一开始茜茜也这么认为，她想，婚姻是女人一生最重要的事情，只要嫁给了有钱人，既享福又有面子。

但婚后的生活却完全不像别人看到的那样和谐，表面上茜茜过上了富家太太的生活。但实际上，老公虽然有钱，可对钱管理得很严，见她天天在家闲着，也从来不会主动给她零用钱花，除非茜茜主动向他伸手要。但年轻的茜茜追求时尚，每次去商场动辄都是消费几千元，这在茜茜老公眼里无疑是一种浪费、挥霍行为。对老公的这种态度，茜茜很是不满，她常常埋怨老公是个“守财奴”、“小气鬼”，于是两个人的关系便产生了矛盾，两人经常会为了家庭开支的问题争论不休，直至大吵大闹。茜茜明显地感觉到，他们的婚姻出现了裂痕，她没想到，自己原本憧憬的美好富足的生活竟然因为金钱而变了质……

俗话说，拿人钱财，替人消灾。在婚姻生活中，不管你处于怎样的地位，当你伸手向别人要钱时，你的尊严就已经大打折扣了，无论你是男人还是女人。

如今，是该弄懂什么才能保证让自己最有体面的生活的时候了。想要在社会所构筑的丛林中理直气壮地生存下来，首先就要了解金钱，学会理财。

只有学会理财，并赚到足够多的钱，这样才能够减少忧患建立尊严。特别是那些有赚钱能力的职业人们，应该勇敢地做一把“弄潮人”，唯有掌握足够多的金钱，才能让你获得切实的安全感！

理财宝典»»

理财表面上是管理钱财，但深层次上是打造个人尊严，理财就是不失面子，不白白的、无缘无故的丢面子，让钱不但牢牢握在手里还要让它去为自己挣面子。

相信自己，才会有“钱途”

“金钱”让人哭、让人笑，特别是对经济弱势的工薪一族来说，感受必定更加深刻。譬如，买不起好地段的房，走关系请不起客，送孩子进好学校掏不起学费。这就是工薪阶层人士所面临的残酷现实。若想追逐梦想实现自我，首先就要相信自我，相信自己也能成为富翁。

对于工薪一族而言，我们可以把我们的资产简单地分为两种：一是金融资产；二是人力资产。两者之间是可以相互转换的，也就是说，在一定的条件下，人力资产是可以转换成为金融资产的，譬如一年加薪9000元，对于我们来说，并不是看得见、够不着的“水中月”、“镜中花”，在工作中多努力一点、投入一点，是完全可以实现的。通过努力工作来增加自己的收入是很现实的事，不管你现在从事何种工作，总能找到价值提升的空间。

从一个小医院的护士，到步入企业界成为了IBM中国区销售总经理、微软中国公司总经理，出任TCL信息产业集团公司总裁，加盟奥克斯。这一系列光辉的头衔背后是常人难以想象的高薪。

更让你惊讶的是，这位传奇人物没有任何高深的背景，甚至都没有受过正规的高等教育。她曾经在北京某医院当过护士，获得自学英语大专文凭后，通过外企服务公司进入IBM公司，从沏茶倒水、打扫卫生的小角色做起，凭借坚忍不拔的意志和精神，不断超越投资自己，给自己加码，终于成为了中国首屈一指的职业经理人。

它就是中国IT行业的“打工皇帝”吴士宏，她的《逆风飞扬》就讲述了这样一个感人的故事。这个带有传奇色彩的故事，至少可以告诉我们一个道理：每个人都有无限的潜能等待着自己去开发。在年轻的时候不断地投资自己，不断努力，超越自我，对今后的事业发展和财富积累有着多么重要的意义。

对于年轻人来说，将时间和精力花费在理财上的同时，一定要花时间和精力提高自己的竞争力。多读点书，多向前辈学习一点，多在业务上钻研一些，获得的加薪、报酬不见得比投资金融产品来得少。

一名资深的基金经理对他的客户这样说：“理财是一件锦上添花的事情。做好自己的本职工作，提高自身的工作能力，是更为重要的事情。”她的话很实际，并没有像别人一样夸大理财的魔力，而是心平气和地告诉大家：投资自己更为重要。

每个人都有自己的理财个性，有的人偏爱风险大收益大的项目，有的人喜欢风险小但收益相对稳定的项目。我们该如何找到适合自己的理财方式呢？问题似乎很简单了，先找到自己的底线，对自己的财务状况做一个分析，不要盲目地跟从别人的建议，这样自己的理财能力绝对不会有任何提高。

信心是心智的催化剂，当信心与思想相结合时，就会在你的潜意识之中产生无穷的智慧。因此，作为一个现代年轻人，如果你想拥有财富，首先就要相信自己：相信自己能够创造财富，相信自己能够做好成功理财的操盘手，相信自己在未来能够拥有无尽的财富。如果你能够用这种积极的力量去暗示自己，不自觉地，它就会转化为你潜意识的力量，反过来，你的潜意识又会反复地给你下达各种积极的命令，最终就会转化为现实中有形的对等物质。

有的人可能会说，我是一个女性，也想赚钱但就是放不开手脚，我们说：只有你想不到的，没有你办不到的！自信的力量是巨大的，美国“最佳女企业家”艾拉·威廉也是在自信的力量下获得财富的。

艾拉·威廉出生于一个黑人家庭，她有11个兄弟姐妹，父亲要承受的生活压力很大，自小的时候，艾拉就想出去帮助父亲工作，但是，父亲只允许她呆在家里帮助母亲。艾拉自小跟着她的母亲学到了两种珍贵的东西：那就是烹饪技术与自信。她的母亲就经常告诉她：“只有你想不到的，没有你办不到的。”

艾拉长大后，黑人出身的她受到的歧视使她更为清醒地认识到“只有想不到的，没有办不到的”的具体意义。她的两次婚姻都以失败告终，在当时她已经是两个孩子的母亲了，但是她却一无所有，她完全依靠捡空饮料瓶与易拉罐维持自己的生计。即便是做着如此低贱的工作，她还不断地激励自己“如果我能够做这种低贱的工作，那么我相信我也一定能够做老板，因为我已经掌握了最艰难的工作技术。”

在这种精神的不断激励下，她建立了属于自己的一家专门改造和提升旧系统的公司，尽管那时候她对这行业一窍不通，没有大学文凭，也没有任何工程师的专业知识，她坚信她一定可以像系统工程师一样聪明、能干。

后来，经过三年的艰难实践，她向军队的军官们展示了她自己在那个领域中的独特创意：她为军官们掌勺并经常给他们带来一些自己公司烤制的饼干和点心。她最终获得了向军队上的决策人物进行展示的机会：在专家面前对系统的特殊细节问题做了报告并回答了问题，进行了产品演示，以她高超的烹饪技术赢得大家的认同。最后，她得到了一笔800万美元的合同，几年后，她已经拥有了足够的经济实力可以用来租用更大的办公场地和雇佣更多的工作人员了……

作为一个曾经离过两次婚，带着两个孩子独立生活的黑人单身女性，艾拉在1993年的时候获得了美国“最佳女企业家”称号，成为那个时代最成功的商界女性之一，还曾经作为克林顿夫妇的客人在白宫与他们交谈。她的成功的秘诀是什么呢？那就是自信。她用自己的亲身经历证明了一件事：女人也能够创造事业，创造财富！

总之，投资理财赚钱不是男人的专利，一切有自信想赚钱的人都可以做到，也不管你现在处于怎样的状态，不管你现在从事的是什么行业，只要对自己有信心，只要相信自己是最棒的，你就一定能够获得成功，实现自己的财富目标。

理财宝典>>>

谈到理财，多数人都表示，也知道理财可以带来收益，但是苦于无财可理，而这正是理财的意义所在，它激励你要树立信心去赚钱，钱这东西，你理它，它就理你。

努力挖掘人生的第一桶金

靠储蓄我们不能成为富翁，但是没有储蓄的习惯我们将更加不能成为富翁。我们想要成为富翁是因为金钱会带给我们力量和权力，改变我们和亲人、朋友的关系，改变我们的生活方式和生活水平。

你也许会说，我们生活中的幸福并不一定都是来自于金钱，但财务的窘迫、投资的失败以及生活中不可知的意外事件，一定会深深影响我们的独立、自由、尊严。

“理财要从储蓄开始。”储蓄是理财的第一步，没钱当然就没财打理。

虽然在自己的理财大计中仅仅存钱是不够的，但是理财却是从存钱开始的，这是因为只有从存钱开始，才能够积攒下一定数量的资金，这第一桶金会成为你以后致富的关键。

纵观我们周围的人，有人做生意积攒了自己的第一桶金，有人炒股票积攒了自己的第一桶金，有人打工或者做兼职积攒了自己的第一桶金，不管是用哪种方式，都为自己更好的理财打下了一个好的基础。这其中都离不开理财的第一步——存钱。可以说真正的理财是从存钱开始的，对于开始并不会理财的人来说，存钱就能为自己带来原始资本的积累。

有这样一则让人深思的小故事。一个中国老太太和一个美国老太太在入地狱之前进行了一段对话。

中国老太太说：“我攒了一辈子的钱终于买了一套好房子，但是现在我马上要入地狱了。”而美国老太太则说：“我终于在入地狱之前把我买房子的钱还清。但幸运的是我一辈子都住上了好房子。”

初看这组对话，它只是反映了东西方人的消费观念不同的笑话。但再进一步深层挖掘，其中蕴含了一个深刻的哲理，即不要指望存钱致富，要为致富存钱。对许多人而言，每个月中拿出一定数量的工资存入银行，一点也不困难，困难的是如何养成这样一个习惯。有些手头拮据的人会经常抱怨机会对他们这样的人来说是不公平的，但是当机会真正摆到他们面前的时候，他们却因为苦于拿不出资金而不得不眼看着机会被别人拿走了。所以说，要积攒下人生的第一桶金，在自己用到的时候随时能够为自己服务，这些存款可以增加你成功的成本，最起码是可以为你抓住机会的。

由此，养成存钱的习惯能增加一个已经经济独立的人独自应付压力的能力，也能在机会突然到来的时候增加你成功的机会。作为有经济收入的人，管理好自己的财务，为自己积累原始资本是很有必要的。

小王今年25岁，大学毕业后参加工作没几年，身体健康状况良好，月均收入4000元，算上其他奖金和年终奖，年收入近8万元。照理说，这些钱够他一个人花了，怎奈他热衷于购物、娱乐，对理财又毫无概念，是个不折不扣的“月光族”。

最近的一次同学聚会上，同学们大谈理财、投资，他好半天插不上话不说，让他惊讶的是，好几个同学谈起自己的买房买车计划有板有眼。同样都是工作没几年的“菜鸟”，薪水也差不多高，可财富的差距也太大了。这回，小王真动了理财的念头，聚会一散，直接去找理财专家咨询。

“单身理财最重要的是30岁之前，这个无财可理的阶段属于储蓄期，理财性格、习惯的培养很重要。”专家告诉他，为了今后组建家庭做准备，一定要强制储蓄。

有了钱才能理财，根据小王的情况，当务之急是聚财，理财专家建议他用“滚雪球”的方法。具体来说，每月将余钱存一年定期存款，一年下来，手中正好有12张存单。这样，不管哪个月急用钱，都可取出当月到期的存款。如果不需用钱，可将到期的存款连同利息和当月的余钱再存一年定期。这种“滚雪球”的存钱方法保证不会失去理财的机会。

理财专家提醒小王，银行有自动转存服务，填存单时记得要勾上这一项。这样做，即使存款到期后没有马上去银行转存，逾期部分不会按活期计息，避免损失。

可见，储蓄能为小王开始自己人生的第一桶金保驾护航，不再是“月光族”，理财投资也不再是遥远的梦。养成存钱的习惯不仅仅能够给自己积累一定的财富，更重要的是养成节约、有计划开支的习惯，这是学习理财技能的第一步。

大银行家摩根曾经说过：“我宁愿贷款100万给一个品质良好，且已经养成存钱习惯的人，也不愿贷款1美元给一个品德差而花钱大手大脚的人。”的确，存钱能够提高一个人应付危机的能力，也能在机会突然到来时增加成功的机会。

其实，对一个单身族而言，理财计划更容易实施，只是首先要有明确的、量化的目标，根据自己的收入、支出和可以进行的投资，选择自己的开销金额，存款金额和小部分用于投资的金额，这样才能合理地、稳定地实现自己积累资金的目标。

其次，要特别注意自己的预算，现在的单身族，尤其是年轻人，在生活上的开销都比较大，这就需要规划出自己哪些是必须花的，哪些是可花可不花的，这些最好能在自己的预算里一一列举出来，不能毫无计划，有一分花一分，没有结余。

比如，当拿到自己一个月的工资后，不能因为觉得自己终于有钱了就急于花掉，而是要将自己的开支分开列出来，这些分类通常是：生活必需品开支、应酬性开支、兴趣开支、投资开支等。在开支类别明确后，可根据主次划分，按比例确定计划花费。在预算结束后，仔细计算能够拿多少钱去存钱。总之，做预算就是你养成存钱习惯的第一步，这可以大大减少消费的盲目性，为自己积攒大投资的第一桶金。

要积攒第一桶金光有存钱还是不够的，还需要一点小规模的投资，这就需要你对各种理财产品进行一个初步的学习，你可以先从购买银行的理财产品开始，投资小一些，有了收益和对投资步骤了解之后再进行稍大规模的投资，这样的投资尝试会使你的第一桶金像滚雪球一样，越滚越大。

但是，我们还是强调理财要从储蓄开始，因为储蓄能够提高人们的节俭意识，也最容易让人们在不经意之间攒下一笔创业资金。

理财宝典 >>>

要想致富，单纯地努力工作还是不够的，要想过上高品质的生活，月光族是不能做的，要养成一个良好的储蓄习惯，为自己将来理财投资积累原始的资金。

工薪族存钱要养成强制储蓄的习惯

生活中，大部分人不能充分储蓄的原因并不是浪费，而是不清楚自己每月收入的分配情况：

你知道这个月的工资中扣了多少税吗？扣除了多少社会保险费和医疗保险费？你清楚这个月消费了多少吗？如果超出了上个月的消费，是在哪方面超出的？如果少于上个月的消费，是少在哪儿？还有，晚上当你站在银行的 ATM 机前跨行取款的时候，你可曾想过要白白扣除 2 元的取款手续费而犹豫不决过吗？

如果你能如此细心地关心钱的支出，就凭这一点，也会有助于你增加存款。刚开始这样做可能会有一点困难，但是只要稍微努力坚持下来，你就能养成每月定额消费的习惯。只要一直保持这种习惯，你肯定能比现在积攒更多的钱。

对很多职业人而言，在没有理财习惯的时候，养成储蓄的习惯也是很艰难的，特别是对于年轻的职业人来说，衣服、鞋包、人际交往、保养费用、旅行费用、休闲娱乐等各种费用加在一起也是很大的开销，一个月下来很难再有什么结余，只能是“月光族”了。

或许有的人也很疑问，自己的收入并不低，可是为什么年复一年，自己的账户存款还没有凑够六位数？当你的朋友已经坐上了财富快车，从身边疾驰而过的时候，你会不会这种疑问更加强烈呢？那就需要审视自己的定额储蓄习惯了。

月光族之所以很少理财，究其根本就是因为他们无财可理。

要说自己的收入太少！小田显然不认可，算下来自己工作也有五年的时间了，从最开始的一名普通职员，慢慢做到公司的中层，薪水也一直稳中有升，月薪已有近万元，比上虽然不足，比下仍有盈余。昔日的同窗，高过自己的也寥寥无几，可在家庭资产方面自己并不靠前。

她已近30岁，可还一直没有成家。父母再也坐不住了。老俩口一下子拿出了20万元积蓄，并且让小田也把自己的积蓄全拿出来买一所新房，早点为日后结婚做打算。可是让小田开不了口的是，自己所有的银行账户加起来，储蓄也没能超过六位数。

其实，小田自己也觉得非常困惑。父母是普通职工，收入并不高，现在也早就退休在家。可是他们不仅把家里管理得井井有条，还存下了不少积蓄。可是自己呢？虽说收入不算少，用钱不算多，可是工作几年下来，竟然与“月光族”、“年清族”没有什么两样。前两年周边的朋友投资股票、基金也赚了不少钱，纷纷动员小田和他们一起投资。小田表面上装作不以为然，其实让她难以启口的是，自己根本就没有储蓄，又拿什么去投资呢？

小田虽然月薪不低，作为一个年轻人尽管每月的消费也很大，但对于每月有近万元收入的小田来说，仍然是月光族，一定是在理财上出现了问题。

那些在日常生活中没有合理的储蓄规划的人，花钱的时候也是东一笔，西一笔，也许表面上看每一笔都不是很大，就像小田说，自己平时喜欢和闺密逛街、看电影、喝咖啡，有时候还特别贪睡，匆忙起来后就打车上班了，就这样不知不觉的，一个月的收入就消耗殆尽了。

类似小田这样的情况，收入不低，可是收入和支出相抵消，最后的结余几乎为零，特别是处于事业刚刚起步阶段的年轻人，更要从最开始的时候就养成强制储蓄的习惯。

零存整取可以说是一种强制存款的方法，每月固定存入相同金额的钱，养成一种“节流”的好习惯，严格地控制自己的消费，放弃感性消费，实现理性消费，脱离“月光”的“魔爪”。久而久之，看到自己也有了存款，小金库鼓了起来，你也会感到很欣慰的！这种成就感也是不言而喻的。

那么，什么是零存整取呢？就是每月固定存额，一般5元起存，存期分一年、三年、五年，存款金额由储户自定，每月存入一次，到期支取本息，其利息计算方法与整存整取定期储蓄存款计息方法一致。中途如有漏存，应在次月补齐，未补存者，到期支取时按实存金额和实际存期，以支取日人民银行公告的活期利率计算利息。

小刘和老公每月工资加起来有六千多，平时俩人各花各的，到月底一结算，所剩无几。想到马上要还房贷，要买车，要攒女儿的教育费，想到“算计不到要受穷”，于是俩人下决心要攒钱。

决心好下，实施起来有点难。小刘爱逛街购物，到了夏天，满满一柜子的衣服，似乎没有一件适合自己穿的，于是又逛，再买。老公爱交朋友，周末最爱和他那帮哥们儿聚聚喝点小酒。两个月过去了，他俩的攒钱计划又落空了。

最后，小刘想出一招，俩人工资合在一起，每月取出两千块当生活费。一个记账，一个当出纳。想花钱？先报出名目，双方一致同意再拿钱，然后记在账本上。

起初老公死活不同意，说小刘抠门、小气，说他在同事哥们面前没面子，小刘不为所动，坚持要这么办。就这样，俩人几乎在斗气中度过了一个月，结果这两千块还真支撑了一个月。要知道，以前2000块还不够小刘一个人花的。

小刘指着账本上一些不应该花的账目对老公说：“这过日子，手一松一紧，差别太大了。如果我们再对自己抠门一些，我们以后的日子更好过。”记了一个月账的老公这才明白“当家方知柴米贵”，心悦诚服地和小刘一起实施起攒钱计划。

如今，小刘家“钱账分离式”理财法实施几个月以来，已成功把每月支出控制在1000元左右，存款数倒是很明显地涨上去了。

正是强制储蓄的方法，使得小刘夫妇有了自己的消费计划，为自家积累了越来越多的存款。实际上，在家吃的简单些，为何非得下馆子？衣着也没到“新三年旧三年，缝缝补补又三年”的境地；出行嘛，没事就坐公交，还不用操心停车位，为何非得要摆那个排场？把省下来的钱都存起来，时间长了，那可是一笔不小的数目呢。

理财宝典»

不管你是还没结婚的待嫁一族，或者是刚结婚不久的小媳妇儿，或者是生活稳定的老夫妻俩，养成强制储蓄的习惯会给你带来最大的惊喜和最坚强的后盾。

制定科学的投资规划

投资，并不是件容易的事情。它不仅涉及到投资人的经济状况，其结果还会影响到以后的生活与个人职业发展。因此，在做理财投资之前，一定要做好大量的准备工作，这样才能合理运用你手中的资金，减少不必要的开支。

要做到合理运用手中的资金，应该遵循以下几个方针：

制定一套适合自己实际情况的投资计划和策略。千万不能胡乱投资。

定期检查并调整投资项目。不能一条道走到黑，要随机应变，顺风使舵。

最好能花费些时间去进行研究。如调查市场行情走势，了解最新信息，不可以被动地等待天上掉下馅饼来。守株待兔绝不是一个真正成功的投资者的态度。

投资分析尽可能做到客观公正。尽量考虑各种影响因素，时时保持冷静头脑，切不可意气用事，误打误撞。更不能把赌博的心态带入投资活动中去。

总之，在投资过程中，要合理运用资金就应该有所准备。为此，我们需要制定一个明确的方针来指导资金的合理运用，避免投资失误带来不必要的浪费和损失。制定科学的投资规划，需要把握下面三个要点：

1. 投资一定要有计划性

在制定投资计划之前，不仅要明确投资的指导方针，而且应对投资所涉及的一些具体情况作深入的调查了解，这样才能使计划具有可实施性。在制定计划时，应对投资环境、资金额度、预期收益等情况进行全面的分析了解，做到心中有数。

2. 制定严密的资金使用流程

“借钱难，用钱更难”。用好钱就要“把钱花在点子上”。严格的资金使用流程，有利于我们使用资金时充分考虑资金的实际情况，有助于控制资金风险，充分利用财务杠杆以取得最佳效益。另外，在家庭投资理财中，资金使用的内部控制建设应遵循规范、安全、高效、透明的原则，遵守承诺，注重使用效益。

3. 为日常生活留出足够的费用

有的家庭在投资理财中，选择的是时间较长的理财项目。而在日常生活中，我们难免遇到急需用钱的时候，这时候就需要借用储备资金了。如果在家庭投资理财中没有做到未雨绸缪，那么就容易让自己陷入被动局面。

4. 远离“疯狂投资”

投资是一门艺术，既有巨大利润的诱惑，又充满着可怕的陷阱。因此，投资需要理智。如果投资失去了应有的理智，变成了“投资狂”，其危险无异于“盲人骑瞎马”。疯狂的投资会让你暂时获得令人瞠目的迅猛扩展，但这种胡乱投资，非但赚不到钱，还有可能会亏本，甚至造成吃钱的无底洞，最后又令人费解地如泡沫般消失。

理财宝典›››

市场有风险，投资需谨慎。在利益的诱惑下，作为投资人很容易失去理智，疯狂投资。无理性地扩大投资理财规模，投入经营成本，会让我们承担更大的资金风险。因此，制定科学的投资规划，做到万无一失是投资者须谨记的。

想致富，首先要以富人作为自己的目标

作为上班一族你想成为富翁吗？那就请你确立明确的目标。或许很多人会反问：这一点再明白不过了，谁还不知道呢？没错——世人都明白的道理才是真理。

如果你想成为富翁，但现在还没有充分储蓄的话，那是因为你对钱的需要并不是那么迫切。如果你制订了诸如“一定要将工资的30%以上存起来”的绝对标准，甚至是根据自身的条件，最大限度地储蓄并从不间断的话，你的财务状况将会在很短的时间内趋于好转。

对钱的迫切程度反映的是你存钱的决心和具备的动力。当你有一个非常明确并极其想达到的目标时，你对钱的迫切程度就会大大提高。

那么，你认为有多少钱，才算是富翁呢？按照你的标准，你认为有一天你会成为富翁吗？在回答这一问题之前，我们首先来看下面这样一则统计资料，你就会更清楚地认识到成为富翁是一件多么不容易的事情。

据美国的投资银行美林公司和凯捷咨询公司共同发表的“2010年亚太地区财富报告”，从2008年底至报告发布时，韩国拥有100万美元的金融资产以上的人，也就是除了房地产以外，持有存款、股票等约600万元人民币以上的人大约有99000个。同年，韩国的适龄就业人口约为2400万人。由此可见，拥有600万资产以上的人还不到总就业人口的0.4%。从这个调查结果你可以看出，拥有600万远比你想象中的要难得多。

有人认为，理财是富人们的事，的确在理财市场上总是活跃着富有者的身影。但据此认为理财就是属于有钱人的观点是不对的，这是对理

财目标的理解错误。理财不同于投资，投资追求高收益，而理财是一种生活战略。理财是为了更好地平衡现在和未来的收支，解决家庭财务问题，保障生活水平的稳定，提高生活水准。富人庞大的资产需求需要保值增值，需要理财。穷人也有生活目标，为了保障基本生活并生活得更好，让有限的资源释放更大的能量，也需要理财。

因此，理财并不是富人的专利，它适于所有的人。其实大多数富人都是通过自己的智慧和努力拼搏而获得财富的。理财也不例外。

有这样一个故事，说的是财富和头脑的关系：

在一个村庄里，一个穷小子对富人说：“我愿意在您的家里给您干三年活，分文不取，只要您让我吃饱饭，让我有地方睡觉就行。”富人觉得非常划算，立即答应了这个人的请求。三年后，约定期满，穷小子离开了富人的家。

一晃十年过去了，昔日的穷小子变得富有了，而以前的那个富人就显得寒酸多了。于是富人向他请教致富的经验，并表示愿意出 10 万金币买他能够致富的经验。他听后哈哈大笑：“过去我是用从你那儿学到的经验赚取了金钱，而今你又用金钱买我的经验呀。”

那个由穷变富的人用三年时间学到了富人挣钱的经验，于是他获取了很多财富，变得比那个富人还富有。那个富人也明白了这个人比他富有的原因，为了拥有更多的财富，他只好掏钱购买人家的经验。

一个人要想富有，就必须具有成为富人的雄心。只有这样，你才会去尝试着充实自己，改变自己。要想富有，就必须向富人学习。只有先去学习他们，你才会得到他们富有的经验。也只有这样，你的理财行动才会成功。

“我的人生梦想，就是在买东西的时候不用再去看价格标签了。”这是一位工薪族朋友和朋友说的玩笑话，可让人听来感受颇深。很多工薪朋友都认为，有钱的人总是能在购物的时候，享受更多的乐趣，因为他们不用担心价格的问题。我们也常常看见电视、电影中出现富豪挥金如土的场面。

所以很多人都有类似的感慨，重要的不是理财，而是拥有更多的金钱。其实很多理财专家不止一次地说起，他们所认识的富人多么地节约和克制。他们总是把钱用在合适的地方，而不是像大多数人想象的那样挥金如土。

从现实的角度来看，那些为钱去拼命工作的人并没有什么错，因为与各种不稳定的关系相比，钱反而是更为牢靠、更能带给人以安全感的东西。钱的的确确是能给人带来更多想要的东西，为钱拼命工作也是无可厚非的事情，在没偷、没抢、没骗，也没去干违法事的情况下，自己的任何合理收入都应该受到尊重。

喜欢在钱面前“装清高”的人，不妨仔细地想想：“钱”有什么错呢？它自身并不会做对不起你的事情。相反，它还可以为你的衣食住行尽职尽责，为你的高品质生活保驾护航。可怕的并不是钱，而是你对钱的错误认识，还有“装清高”之后要面对的各种生活困境。

我们不能否认，在现实生活中，大多数人当然这也包括工薪族都想成为富人，想拥有很多的金钱，只是他们都认为这个梦想离自己简直太遥远了，于是就开始安于现状，不再去考虑改变自己现有的生存状态，最终让富人梦成为泡影。如果你也像这些人一样，对于财富与金钱只是想想而已，没有真正地从内心将这种愿望升华为强烈的欲望，那么你在获取财富的道路上就不会有强大的精神力量，最终也很难实现理想。

有一个小男孩，他的父亲是一个马戏团的马术师，所以他从小就整天跟着父亲来回奔波于各地表演。也正是由于这个原因，他的学习成绩一直不理想。一次，老师布置同学写作文，题目是：我的理想。面对这个题目，男孩满怀激情地描述着自己的宏伟志愿，那就是自己想拥有一个属于自己的农场，并且还仔细画了一张农场的设计图，上面标有马厩、跑马场等的位置，然后在这一大片农场中央，还要建造一栋城堡。

小男孩把自己的作文和图纸交给了老师。第二天早上，老师把小男孩叫进了办公室，把他的作文拿给他看，上面写了一个又红又大的“F”。

“为什么我的作文是不及格的？”小男孩满怀委屈地问。

老师静静地说：“我劝你还是更改一下你的理想吧，就像你父亲那样做一个马术师不是很好么？你明显做不了农场主，一则你没有钱，二则你们家的家庭背景也很简单。你哪来的钱，哪来的关系去盖一座农场呢？如果你肯重写一个比较实际的理想，我愿意给你及格的分数。”

听了老师的话，男孩非常迷茫，他回家后反复思量了好几次，然后去征求父亲的意见。父亲听了儿子的话之后，只是淡淡地说：“儿子，这是你自己的决定，所以只能由你自己拿主意。”

听了父亲的话，小男孩下定决心，第二天仍旧将原稿交给老师。他告诉老师：“即使不及格，我也不愿放弃这个梦想。”

20多年以后，小男孩终于拥有了自己的农场，他热情邀请当年的老师来他的农场参观。在离开的时候。老师深情地说：“说来有些惭愧。你读初中的时候，我曾经泼过你冷水。这些年来，也对不少学生说过类似的话。幸亏你有这个毅力坚持自己的目标，才有了今天的成就。”

生活的道理同样如此。对于那些没有目标的人来说，岁月的流逝只意味着年龄的增长，平庸的他们只能日复一日、年复一年地重复自己。如果我们想成为一名百万富翁、千万富翁乃至亿万富翁，想做一名出色的商人，以此作为自己生活的核心目标，那么就让它成为指点你走向成功“北斗星”吧。

有人说，一个人无论年龄有多大，他真正的人生之旅，都是从设定目标的那一天开始的。那他以前的日子，只不过是在绕圈子而已。对于那些想要成就自己财富梦想的工薪族朋友而言，勇敢地以富人作为自己的目标，奋起直追吧！

理财宝典»»

要理好财，首先要提高对理财的认识，丢掉理财是富人的事，或者理财是吝啬者的事的观念，在思想上要树立起通过理财致富的信心。

会挣钱更要会理财

很多人都认为会理财不如会挣钱。觉得自己收入不错，不会理财也无所谓。其实不然，要知道理财能力跟挣钱能力往往是相辅相成的，一个有着高收入的人应该有更好的理财方法来打理自己的财产。

在现实中，很多事实表明挣更多的钱就会致富的观点明显是错误的。当然，如果你有足够高的收入，而且你的花销不是很大的话，那么你确实不用担心没钱买房、结婚、买车，因为你有足够的钱来解决这些问题。但是仅仅这样你就真的不需要理财了么？

赵先生在一家私企工作，经过几年的拼搏，手上总算攒了些钱，可是要想买车，买房子就明显不够了。看着身边的人都在用自己空余的时间开始理财，赵先生却这样想，“会理财不如会挣钱，那样舍不得吃，舍不得穿的日子过的有什么意思。”可是随着时间的推移，他的同事都有车有房了，但是他却还是什么也没有。

余先生是一家房产公司的设计师，平均月收入5000元。和多数人精打细算花钱不同，余先生挣钱不少，花钱更多，有钱时俨然是奢侈的款儿，什么都敢玩，什么都敢买，没钱时便一贫如洗，借债度日——拿着丰厚的薪水，却打起贫穷的旗号。在别人眼里，他可能是一些低收入者或攒钱一族们羡慕的对象，可实际上，他的日子由于缺乏计划，实际过得并不怎么“潇洒”。他“不敢”生病，害怕每月还款的来临，更不敢与大家一起谈论自己的“家庭资产”，遇到深造、结婚等需要花大钱的时候，他往往会急得嘴上起泡，进而捶胸顿足，痛哭流涕：天呀，我的钱都上哪儿去了？

从上面两个例子可以看出，生活中有些人，挣得钱也不少，可一谈起自己的家庭资产的时候，却发现自己挣得那么多的钱都不知去向了。可见，会挣钱不如会理财，一个人再能挣钱，如果他不会理财，那他挣的钱，就只能是别人的，不会成为自己的，因为他总是挣多少，花多少，那他永远不会有属于自己的钱。

其实在生活中，如果你并不打算有更具挑战性的生活，那么你确实可以“养尊处优”了。但是假如你在工作到一定的时候想要开一家属于自己的公司，或者想作一些投资，那么你就仍然需要理财，你也会感觉到理财对你的重要性，因为你想要进行创业、投资这些经济行为意味着你面临的经济风险又加大了，你必须通过合理的理财手段增强自己的风险抵御能力。在达成目的的同时，又保证自己的经济安全。

由此可见，个人理财应满足以下三个条件：

首先，根据自己的年龄、职业、收入、家庭状况，建立对应的日常消费模式。所谓对应就是消费时既不能像“守财奴”那样视钱如命，一毛不拔，也不能像败家子似的大手大脚，铺张浪费。

中国人讲求“轻财尚义”、“仗义疏财”，像“守财奴”锱铢必较，只进不出的消费观和生活方式，不仅感受不到生活的乐趣，更交不到朋友，连家人都会疏远。

另一方面，挣多少花多少，月月见底的消费方式也不可取。家无余粮，一遇到紧急状况就四处借债，最后朋友也会避之唯恐不及，对个人的金钱信用也是极大的伤害。更何况无论哪种投资，都要以资本作为前提。一个人，一个家庭，如果没有一定的资本，那么他就无法规划将来，只能过一天算一天，只是在混日子罢了。

作为个人和家庭，我们提倡努力赚钱，合理消费。理财讲究的是量入为出，既不可太俭，亦不可太奢。要合理运用我们手中的金钱，逐步

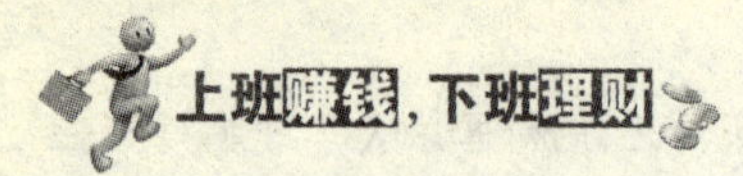

提高我们的生活水平，让我们的生活滋润起来，快乐幸福地享受每一天。

其次，根据不同个人和家庭的不同生活背景，建立与之相匹配的避险措施。就是以较少的成本，选择合适的时机切入，来应对未来生活中可能出现的风险。这些风险包括失业、疾病或意外伤害、子女教育、养老等等，保证自己在任何风险面前都能应付自如。

最后，在满足上述两方面的基础上，将多余的资本用来投资，以追求资本的效益最大化，用头脑的所得增加财富，创造更加和谐、舒适的生活环境。个人财富的增加也等于社会财富的增加，这也是为国家做贡献。

个人理财的这三方面是一个整体。日常消费和避险是理财的基础，是确保个人和家庭生活安全稳定、井然有序的前提条件。这就和建造大厦一样，地基必须打坚实，大厦才牢固。如果地基不稳，那么大厦建的越高，倒塌的风险也越大，损失也会越惨重。

当然，理财是帮助我们实现财务目标的工具，投资者要学会驾驭这个工具。市场是瞬息万变的，我们的理财目标和具体操作也要随着家庭和市场环境的变化不断做出调整。环境完全变了，还在死守着以前的老规矩，那就失去了理财的初衷和真谛。

理财宝典»>

努力赚钱，合理消费，即不可太俭，也不可太奢，合理运用手里的余钱尽量让其“节外生枝”。

工薪族用钱生钱，才能快速致富

钱生钱，有点像滚雪球。对工薪族而言，只要能够达到某种特定的规模，不需要太多的努力，就可以靠钱滚钱，越滚越有钱。事实上，钱有自我复制的能力，单位数量越高，赚回的金额也越多，金额变大了，可以得到的优惠和机会也更多。

当然，理财说到底是为了用财，为了消费，而不是看着账面上数字的增长就觉得满足。美国人买了房子不是留给子孙，而是再抵押出去贷款消费。那才真叫“光溜溜地来，光溜溜地走”。国内或许还做不到这样，可也别把理财当成守财。合理计划、合理消费，不仅是在满足自己的欲望，也是在给中国经济的长期繁荣添柴出力。

曾经有一个守财奴把自己所有的家产都换成一大块金子，偷偷埋在了自家的墙根底下。每当夜深人静时，他再把金子挖出来，像宝贝一样欣赏半天，久久舍不得放下。如此，终于被一个邻居发现了，趁其不备偷偷把金子挖走了。守财奴晚上再挖开墙根发现金子已经不见了，不由地嚎啕大哭。有人见状后劝道：“你有什么可伤心的呢？金子埋在地里，既不能吃，又不能用，它也就成了无用的废物，跟埋块石头在那里有什么区别呢？”

这个小故事启迪我们：金钱只有在进行商品交换时才能体现其价值，只有在周转中才能创造利润。如果不进行周转，金钱就不能增值，也失去了其存在的价值。埋在土里的黄金没有任何作用，跟埋块石头的确没什么区别。那个守财奴嗜钱如命，自以为富有，却忘记了金钱的本义。如果那个人能用黄金作为资本，置田买地，或者做生意，一定会赚取更多的钱。

只有让资金流动起来，才能获取利润，才能迅速实现致富的目标。

商界有个著名的“二八定理”：即20%的客户拥有80%的财富。民生银行一家支行曾经做过一个测试，100万元以上的贵宾客户不足500人，占有该支行85%左右的存款，广大中低收入的资本存量之小，由此可窥一斑。但资本存量小，并不意味着就没有理财的必要。

王先生过去在一家公司工作，现在自己做生意，收入还算可观。相比，他的朋友申常只是普通的上班族，但是经过5年之后，两人的生活处境却截然不同了。申常在城市的繁华地段购置了一处房产，而王先生手上只有一张余额6万元的存折和一张欠债13万元的信用卡。

原来申常受其父母的影响，从小就养成了一定的投资理财习惯，他用上班积攒下的工资买下某繁华地段的一处房产，两年内，这幢房产持续升值。看着王先生羡慕的目光，申常劝他从现在开始学习理财和投资。但是王先生却面露难色地说：“那对我来说太难了，我从来也没有这样想过。”

现代社会中，很多年轻的一族更多地把自己定位于父母照顾者，而很少想过自己有钱会是什么样子。在成长的过程中，特别是年轻的朋友在潜意识中仍然存在着对父母的依赖性，这在很大程度上降低了他们对于获取财富的兴趣，最终也影响了他们培养这种能力的兴趣。因此，要致富，可能欠缺的不是高薪机会、财务规划或理财技能，而是一套正确的理财思维，如何克服在理财上的盲点和弱点，如何建立健康合理的理财观，如何将家庭中的钱用得更加游刃有余的问题。

如何让自己手里现有的钱增多，这里有观念转变的问题，也有技法问题，而技法问题涉及手中的钱怎样才能用活，这是投资的一大学问。许多有钱人都不赞成存款，而赞成现金运转。他们一致认为，银行存款和现金相比，现金当然是最可靠，虽不获利但也不亏损。小心谨慎的犹太人当然是在二者择一的条件下择其后者。因为对于犹太人，“不减少”正是“不亏损”的最起码的做法。想借助银行来求得利息，能够获得利润的机会不大。

美国通用汽车制造公司的高级专家赫特曾说过这样一句话：“在私人公司里，追求利润并不是主要目的，重要的是把手中的钱如何用活。”

我们都知道，银行存款是生息的，只要有存款，便能获得利息收入。而现金，是不生息的，手持现款是多少，经过若干年后，仍旧是原来的价值，并不增多。这样看来，银行存款比手持现款更有吸引力。

那么，我们理财时，应如何发挥积极因素，避开消极因素呢？下面是专家专为工薪一族量身订制的理财 8 点建议：

1. 树立健康的理财投资观念

投资理财伴随我们一生，不是应时应景的摆设，也不是一蹴而就的。制订了规划后关键是执行，在执行中看效果、找问题、攒经验。同时，还必须明确，理财规划通常需要较长的时间来实践，不是一两个月的投机生意，这也决定了我们在投资产品的选择上要注意长线投资效果，不要太在意短期的波动。

2. 设定目标

当你决定理财的时候，为自己设定一个理财目标至关重要。每个人或者每个家庭都有不同的需求和目标，并且在数量和层次上有着很大的差异。我们可以将自己的经济目标列在一张纸上，越详细越好，再对目标按重要程度分类，最后将主要的精力放在最重要的目标上去。譬如，为自己设定一远一近两个目标，比如确定未来二十年的奋斗目标和每个月的存款数，这样你花钱时就会有所顾忌。

3. 强制储蓄

储蓄提供了财富汇集的方式，也为以后的投资增值准备基本条件。每月固定将薪水中的一定数目，譬如薪水的 20% 存入银行，并且不轻易动用这笔钱，那么一段时间以后你也将会有一笔可观的财富。而且，实际上这笔钱即使被消费掉，你也不会因此而感到生活拮据多少。

4. 理智购物

对于消费者而言，购物时千万不要有从众心理。要记得，适合别人的不一定适合你。此外，购物要记账，不管你在何时何地购物，都一定要记下你所花费的每一笔钱。休闲娱乐、交通费用、三餐开销、应酬花费、购买奢侈品等分门别类地记下来，一个月或是三个月后再来审视你的消费记录，这样无疑将对你日后的理财生活产生积极的指导作用。

5. 节流生财

和开源相比，节流要容易得多，不妨从节约水电费这样的小事做起，日积月累就会收到聚沙成塔的效果。而且这种节俭的生活方式也非常有利于环保。

6. 储备应急

为了应对意外的花销，平时就要存出一项专门的应急款，这样才不会在突然需要用钱时动用定期存款而损失利息。

7. 端正对风险的认识

在投资市场上，风险跟收益成正比，如果一味躲避风险，风险稍高就不敢尝试，那就只能得到基本的银行存款收益率，通过理财来增值就无从谈起。其实风险并不可怕，只要对风险进行合理的控制、管理，风险稍高的产品也是可以接受的。

8. 正确对待专家的意见

专家经验丰富，信息充足，一般是可以信赖的，尤其对初涉理财或理财经验欠缺的人来说，适当寻求一下专家意见，会收到事半功倍的效果。但对于投资者而言，尤其值得注意的是，专家的意见也只能当作参考，切不可敬若神明，对自己情况最了解的还是自己，专家只能是在方向上做出大概指引，真正做出判断、执行操作的还是你自己。

理财宝典 »»

银行存款是有利息的，利息看上去有限，但时间长了，增值就显得可观了，而且，银行存款保险系数最高。

工作 VS 金钱，幸福指数节节高

现代社会人们的财富逐年增多，但另一方面生活费用也逐步提升。从概念上来说，做好理财并不难。理财一方面就是有效花费钱财，让财富发挥最大效用，能够满足日常生活所需；另一方面则通过开源节流的安排以增加收入，节省支出，不断累积财富，来达成某些中长期的目标。

理财，必须要有“财”才能“理”，所以我们要先得到“财”，这说明收入是理财的基础。优化自己的收入结构，是开源的最重要的目标。对于一般人而言，工资收入作为收入的基础，是最重要的固定收入来源，工资收入可以保证一个人每个月都有一笔固定的收入。其次，奖金和其他收入作为工资收入的补充，有效地支撑起了整个收入结构的基础部分。

但在生活中，有一些偏执的人士认为金钱会带来罪恶，因此对金钱有一种非常奇怪的排斥态度，但其实他们忽略了一点，那就是金钱实际上却可以创造你和家人的未来：金钱帮助你度过艰难时刻，让你的父母平安度过老年生活，为你的孩子提供教育并保障你日常生活的舒适与安稳。这是你的财富表现的第一种形式，只有拥有足够的财富，才能让你的幸福指数节节高。

我实在无法忍受这种生活了！“我当初为了好好照顾他，为了这个家把那么好的工作都辞了，可他还不满足……说我在家只会带孩子，不修边幅。你说，每个月只给我维持家用的基本费用，我哪有钱去逛商场买衣服打扮自己嘛！还说我思想狭隘，和我没法交流……当初我在职场身居要职的时候，也算是白领丽人，整天穿梭于精英人流中，是多么的风光呀！那时候，他对我是极其体贴的，可现在……”敏敏在向朋友抱怨丈夫。

她对自己当初辞职的事情显然已经后悔到了极点。是的，敏敏所处的境地是让她郁闷的。她本来有一份很好的工作，但是为了丈夫、孩子和家庭，她辞去了工作，到最后她的一切辛劳换来的却是丈夫尖刻的埋怨和讽刺。丈夫说她只会带孩子，其他什么都不会做，说她思想狭隘，这一切都是因为她失去了自己的工作，没有稳定的经济收入造成的。

我们可以试想一下，假如敏敏在职场中身居要职，有十分稳定的收入，她的老公对她的评价还会这样让人不能接受吗？敏敏如果能选择这样的生活，她一定是幸福的，这种幸福感除了她自己也是其他任何人都给不了的。

这时，或许有人会说，上班固然能给自己带来稳定的经济收入，能让自己有成就感，但是上班也是极其辛苦的事情，这样的说法更不可取，而且这表现的是一种消极没落，毫无社会责任的情绪，不劳动不得食是社会规则。如果你没有了工作，你就没有了经济来源，要靠丈夫的收入来维持家里的开支与你自己的花销。当他将钱放到你手上时，你一定会觉得他像是在施舍一个乞丐一样，这时你就在他面前失去了尊严，为了维持自己的尊严你再也不好意思跟他要钱，宁愿自己省着花。久而久之，你自然就会养成一种极其拮据的生活习惯，他给的钱刚好能维持家里的开销，你拿什么去买化妆品，去买漂亮的衣服呢，你的边幅如何能修得起来呢？如果你是一个男人的话，没有工作没有钱，现状会更让你难堪。

总之，一个人，一个家庭要提高幸福生活指数，离开工作和金钱就是幻想。

理财宝典»»

理财，要有财可理，而财从何来，工作是最重要的获取金钱的来源，高职位高薪，重要工作多薪。要有财可理，你首先要通过努力工作掘第一桶金。

一生不该逃的理财课

世间的事变化无常，但也有亘古不变的东西，比如人们对金钱表现出的关切和欲望。有钱的人希望更有钱，没钱的人迫于生计更需要钱。由于没钱，许多人顾不上年事已高而不得不继续工作。钱虽然不是人生的全部，但几乎每个人成年后，都会用半生甚至更多的时间去工作或者创业，其主要目的就是为了赚钱。特别是那些在生活中由于没钱而饱尝艰辛的人，对钱的渴望则更为深刻而痛苦。

鸵鸟一遇到危险，就把头埋在沙子里……它竟然不知道其实自己身体的十分之九都暴露在危险之中。鸵鸟的这一举动，在人类看来是可笑的，但在现实中，很多人对钱采取的做法正是鸵鸟的心态。换句话说，就是把头埋在铜板堆里。人们每天都在钱的包围下生活，为了生存有必要知道什么是钱，但他们却根本不想了解钱的本质，更不想学习投资理财的技巧。

生活中，多数的工薪族认为自己挣的钱有限，所谓的理财不过就是算计着花，不背债就是了，没钱还能生钱增值？正所谓，巧妇难为无米之炊。而这是不懂理财理念和技巧的认识，其实，真正的理财功能就是让你手里有限的钱，能一个顶两个花，以及让你的小钱变大钱。当然，理财作为一种对钱的管理能力和技巧是需要学习才能掌握，确切地说这是一门课程，需要认真研读和运用。

谈及理财有的上班族对此也略有了解，但还称不上是精通，他们也尝试过理财，但他们常犯的错误就是好高骛远，总在幻想自己能一夜暴富。这当然是不现实的，理财只有在脚踏实地慢慢地积累和投资的过程中，才能不断提高自己的财富积累，而唯有如此才是你应该秉持的正确观念。

一个有着高收入的人应该有更好的理财方法来打理自己的财产，为了进一步提高你的生活水平，或者说为了你的下一个“挑战目标”而积蓄力量。理财能力和挣钱的能力是相辅相成、不可分割的。

赚钱的机会总有很多，但是如果没有理财的能力。即使你赚了钱，可能也会被自己挥霍掉。要想保持自己财务自由的状态，理财这一课，你不该缺席。

王勇是北京一家外企的大客户管理部经理，工作已经有5年了。因为他工作出色，业绩突出，所以他年收入基本上都在20万左右。这样的高收入似乎根本不用为理财而担心的。王勇为自己添置了一辆大众POLO，每天开车上下班。他从来不在家吃饭，穿戴都是国际品牌。几乎每天晚上都会在一些高级场所消费娱乐。

这样得意的生活可以用潇洒来形容。王勇一直认为理财是没有必要的，他要求的只是高品位的生活。他打算在不久的将来，为自己买一幢别墅，一般的房子他根本就不感兴趣。他只是在想，等自己谈成一笔够大的项目，就可以买一幢别墅了。

但是，金融危机很快就影响到了王勇的工作。因为经济不景气，所以公司的效益一直不好。看着很多员工不得不离公司而去，自己收入缩水是再正常不过的事情了。而且祸不单行，王勇又收到了父亲得了肺癌的消息。光动手术王勇就必须拿出10万，昂贵的医疗费用很快也让王勇的家庭陷入了经济危机。

因为王勇并没有存下多少钱，父母的仅有的积蓄以及王勇的积蓄都已经用完，但是父亲所需最后一笔医药费还要20万。没有这笔钱，王勇父亲的医疗就只能在这个关键时候停止。王勇最后通过同事和朋友，借到了20万。在这期间真是饱受打击。很多人说什么也不信，平时潇洒的王勇经理竟然被20万难住了。工作了5年，收入也不错，竟然连20万都拿不出来，这让大家都非常吃惊。

理财的目的之一，就是防范各种原因可能造成的经济危机。这是很多靠工薪收入的人在理财的过程中容易忽视的，往往一场大病就会拖垮一个家庭，或者一场车祸就毁了一家的幸福。而这些往往是可以事先避免的，或者事先的一点预防措施就可以在风险到来的时候，将损失减少到最小。

无可否认，人生意外难免，如果不懂得提前预防风险，当风险来临的时候，就会不知所措。在沉重的打击面前，有的人倒下了，有的人熬了过来。那些熬过来的人都是懂得预防风险的人，或者说他们是懂得理财的人。

有很多年轻上班族认为“钱是赚出来的，而不是省出来的。”其实这是一种不切实际的想法，为自己的大手大脚花钱找一个合理的借口而已。上班族在收入水平不高的阶段，就应该养成节约的习惯，最好能形成储蓄的习惯。只有在脚踏实地慢慢地积累和投资的过程中，不断提高自己的理财能力，才是正确的观念。从现在开始理财，别拿没钱当借口，其实你可以理财，这是人生不该逃的一课。

在撒哈拉沙漠深处生活着一群土著人，在每年的冬天，他们中一些人都会因为缺少水而渴死。因此，他们的人口越来越少，种族面临着灭亡的危险。显然他们不再适应这里恶劣的环境。但是，那些能生存下来的人，都有自己的办法度过冬天。有的人用空的驼鸟蛋装上水，然后悄悄埋在一个地方。到了冬天缺水的时候才拿出来喝掉。有的人用动物的毛片做成水囊来储存水。冬天来了，只有那些懂得储藏水的人才能活下来。

达尔文的进化论是如此的残酷而真实。人生难免会有冬天，理财的目的就是让我们在这个冬天也能温暖而幸福。中国古语曰：“凡事预则立，不预则废”，在漫长的人生道路中又怎么能不有所计划呢？

“老有所养”、“幼有所依”是中国自古以来的传统，现代社会这两方面的成本都很高，对年轻人来说是不小的挑战。理财计划能帮助我们完成赡养父母以及抚养教育子女的义务。

无可否认，我们都会老去，随着老龄化社会的到来，现代家庭呈现出倒金字塔结构。想象一下我们老年时候的情景：是穷困潦倒，还是老有所乐？所以及早制定适宜的理财计划，保证自己老年生活独立、富足，应是现代靠工薪收入人群应该面对的共同问题。

作为上班族的一员，所有这些问题，你想到了吗？理财的时候，考虑到不同的目的，就应该制定不同的理财计划。

理财投资是每个上班族人都可以学会也都应该学会的课程。那些认为投资只是专业人员和有理财头脑的人才能学会的本事，这是一种错误的认识。如果你以前就开始关心投资的话，那么现在你手里就应该有一笔存款，而且可能正在研究下一年让它增值的方法。趁着不需要多少生活费的时候，开始做投资理财，你将比那些婚后才开始理财投资的人，领先至少十年。

理财宝典»»

赚钱的机会很多，但是有了钱却没有管理的能力，钱再多，也可能会很快地就挥霍掉，要保证自己的财富不断地增值，理财这一课，你不该缺席。

二

日常理财：工薪族学会消费就是在赚钱

“创业难，守成更难”，说的是关于巩固政权的事，但也像是在对有钱人提出的警示：“赚钱难，留住钱也难”。守成成功重在戒骄戒躁；增资保财在于投资理财，这就是说一个人只要掌握了理财的本领，就可以做到：左转赚钱，右转还能赚钱。

工作再忙也不能放弃理财

“有时间赚钱，没时间打理”已经成为很多现代都市白领的通病。“忙人”们为数众多，他们因为“忙”而带来的财富损失尤其是机会成本也是不可小觑的。尽管“你不理财，财不理你”的理念早已深入人心，可在现实生活中，有钱无闲的理财“忙人”依然为数众多。

现实是众多上班族往往放弃了对股票和基金等金融理财产品的涉猎，他们对储蓄账户有着天然的偏爱。需要提醒上班族的是，要想做个聪明的理财“忙人”，要坚持两大法则：

1. 切忌盲目追求高收益

很多“忙人”要么对投资毫无计划，本来打算用于投资的钱却临时用作他途，要么则是选准方向全额投入，一次性投资放大风险。其实对这部分人群来说，不要盲目追求高收益，“平均成本法”是最佳“良方”。采用“平均成本法”将资金进行分段投资，可以最低限度地降低投资成本，分散投资风险，从而提高整体投资回报。

2. 切忌投资过于分散

不加选择，不加规划往往是“忙”的表现。没有计划的投资，只能让自己的资金更加处于无序的状态。最终忙是忙得足够，钱也是乱得可以。

此外，对于上班族而言，当你终于下定决心开始理财时，不知你是否明白：理财并不像打牌、钓鱼那么简单，智慧和恒心也许十分重要，但结果并不总是按照常理去发展。因此，任何人在理财前都有必要强迫自己认真回答下面的问题。

1. 为什么要理财

绝大多数人都希望通过理财来达到迅速致富的目的，但事实是年平均10%的回报率对你来说已经是非常幸运了。即使这样，要想把当初10万元本金变成100万元，也需要大约25年的时间。因此，理财是一场恒心和耐力的比赛，你只有不断积累才能获得财富。

2. 你是否有足够的决策能力

理财不是多个人玩的游戏，而是你一个人的游戏。只有在家庭财务中有足够决策能力的人才适合参与到这个游戏中来，话语权虽然很重要，但毕竟只是建议而已，最后投资的决策往往只操纵在你一个人的手中。

3. 你的“财商”够吗

理财绝对需要较高的“财商”，敏锐观察和深刻分析往往能使你发现财富的踪迹。如果你认为自己在这方面还不够好的话，那么不妨去咨询那些专业的理财顾问，像银行理财师、保险业务员、证券分析家等都是你最好的帮手。在目前这个信息高速传递的时代，得到他们的帮助并不一定要花多少钱，但却是简便快捷的。

4. 你能承受多大的损失

风险往往并不像人们所预料的那样发生在某个特定的时间里，而且即使很小的风险也会造成很大损失。因此，在理财前，你首先要问问自己能够承受多大的损失。如果只有10%的亏损都会使你寝食难安的话，那么奉劝你最好做一个保守的“储蓄族”。

5. 你的理财目标实际吗

没有目标的行为叫盲动，不切实际的行为叫妄动，过高的理财目标比没有目标更加可怕。理财目标过高的人都是对自己能力过分自信的人，他们或许很善于捕捉投机的机会，但往往“聪明反被聪明误”的事情却经常发生，因为市场规律也并不是轻而易举就能掌握的。

6. 你到底有几个“鸡蛋”

理财大师们提醒人们“不要把鸡蛋放在一个篮子里”。在理财前，你最好仔细计算一下自己有几个“鸡蛋”。如果你只有一两个“鸡蛋”的话，恐怕不想放到一个篮子里都不行。所以，投资本金过少是很难分散理财风险的。

7. 你准备用什么来衡量理财成功与否

除了收益以外，可能没有任何一个其他标准可以用来衡量理财是否成功。不要以为保住了本金就是成功了，你要知道资金都是有时间成本的，没有收益或收益比银行存款还低的理财都是失败的行为。

8. 你有自我控制的能力吗

理财的过程不仅需要决策力，更需要控制力，最终决策应该是建立在对仓促决定的控制上，一个完美的理财计划可能会被几个仓促的决定毁于一旦。因此，在理财问题上，首要的就是保持非常冷静，制定好理财计划应该经过家人和专业人士的充分讨论。

9. 你能从理财中感受到快乐吗

或许丰厚的回报会让你兴奋不已，但能否从理财中感受到快乐才是最为关键的。兴趣是你长期坚持的唯一理由，如果你感到理财是一项苦差事，那么又怎么能做到“十年如一日”呢？

10. 你善于自控吗

理财是一种投资行为，而当你决定投资时，必然要选择合适自己投资的产品。在平常，各种各样的宣传资料会扑面而来，推销人员也格外热情。如果你想保持冷静，那么最好在作出明智决定前学会自控。只有这样，你的投资才会理智。

理财宝典»

俗话说：要有搂钱的耙子，还不能少装钱的“匣子”。这个“匣子”的功能并不单指是一种藏，而是要把钱管理好，把它用到该用的地方，使其发挥最大效益。

越早理财回报越高

在现在的工薪一族里，许多人不满意自己目前的收入，羡慕一掷千金的大腕们，可想赚钱还要一夜暴富，嫌钱来的慢，不肯出手，但岂不知，你越不出手，你只能是一个望钱兴叹的人。比如：理财致富需要时间，时间越长赚钱才能越多。

就像在生活中，我们常常不愿意相信自己离 40 岁越来越近了，我们的脑海里还停驻在：坐在爸爸怀里看电视；大学里第一堂课；新婚之夜的场景；听到妻子怀孕的消息后，开心地给亲戚朋友们打电话……这一切都好像是昨天刚刚发生的事情，但实际上这些又真的离我们很遥远了。

许多人觉得自己刚刚步入社会，用钱的地方很多，存钱理财有难度，还不如等将来工作比较稳定时再开始。其实，这种想法是不对的。理财不分多寡，千万不要告诉自己“我没财可理”，要告诉自己“我要从现在开始理财”，尽早学会投资理财。

对于一个迫切需要致富的人而言，越早学会理财，“早一天开始，多滚一天钱”，就可以避免因理财不当而限于个人破产境地，并且可以从投资理财中得到回报。

生活在现实社会中，世俗就是现实，就是凡事都要从实际出发来思考问题。你应该及早地认识到一份稳定且收入不菲的工作、一套属于自己的房子、一款自己的私车等，这些才是你追求安定幸福生活必备的基础条件。

比如你想置一个新房子，缴纳孩子上学的费用、家人的养老保险金、想实现盼望已久的度假等问题，这些无一不需要金钱作为后盾。因此，在日常生活当中，做好家庭收入预算能保证你的钱能够得到合理使用，使家人满意地分享这笔收入。

预算不应该约束你的行动，也不是让你毫无目的地记录开销，它经过精心的计划，帮助你物有所值，把钱花在刀刃上。合理的预算会让你梦想成真，它会告诉你，怎样节省不必要的花销，以应付必要的大笔投资。

如果你想成为家庭预算高手，就应该多看看那些生活类杂志，那里面有许多相关的经济知识。它会告诉你，怎样利用旧衣服、怎样制作出物美价廉的点心、怎样制作家具等。另外，一般的银行都会开设一种免费预算咨询服务，他们会根据你家庭的需要，告诉你如何做出符合自己实际情况的预算。这项计划是为你量身订制的，因此这种预算的计划价值也就更高。

在广告公司上班的陈先生，年富力强，平时热衷于学习和尝试新的东西，虽然积累了不少的经验和知识，但唯一让人替他感到遗憾的是他通常都只是光说不做。

比如：理财知识他也懂一些，如果和他聊起理财，就觉得像是面对一位理财专家。说到股市，他就摇身变成股评专家。谈到房产，他也能滔滔不绝。不管在哪方面，他的丰富知识都足以让专家惊叹。但在实际当中，是他不理财，财也不着他边。谈钱面窘，现在后悔不如也早行动赚钱了，说不定现在腰也粗了。

可见，“打理财富，赶早不赶晚”并非是一句空洞的口号，而应该立即将它付诸于实际的行动。踌躇的瞬间，幸福又远了一步。就像早上上班时，如果晚了十分钟出门，可能就会迟到二十分钟一样。尽早开始，对自己越有利，也更能加快资产的积累速度。也许你现在对自己的“月光”生活感觉很惬意，也许你认为自己以后还有足够的青春和时间可以去赚钱，也许你觉得凭自己的姿色有“钓到金龟”的可能，也许你现在有一个让你取之不尽的“富爸爸”做后盾，也许你本身已经拥有了超凡的挣钱能力……但你都应该及早地为自己以后的生活做好打算，因为你现在不缺钱，也不等于你以后永远不缺钱，能挣钱也并不代表你在未来能为自己积累巨大的财富，这个世界的变数是如此之大，就连实力雄厚的花旗银行都会破产，可你凭什么就认为自己一直可以这么顺风顺水、洒脱度日呢？

因此，有心智的职业人都懂得未雨绸缪的道理，我们相信大多数的职业人都拥有这样的智慧。所以，趁着自己还年轻，多为未来的幸福做打算。

要想理财成功，除了正确的观念之外，我们需要有正确的步骤和方法。观念指导我们做正确的事，而正确的做事方法同样重要。在选对了方向之后，找到一条最合适自己的道路更有利于我们走向成功。

1. 清点自己的资产和负债

理财的关键在于为自己找到合适的理财组合，要清楚和选择各种理财方式就要对自己的资产和负债有一个合理的认识。首先要理清自己现在的资产状况，结合自己的需求再作理财计划。清楚地了解自己或者家庭的资产状况，就需要列出家庭财务表。应该每年更新一遍家庭财务表，然后根据新的资产状况修订理财计划。

2. 安全投资

在很多人的观念中，投资就等于理财，其实投资的含义要简单得多。投资总是有风险的，在保证自身日常和风险必须的资金情况下，根据自己的风险承受能力，将资金分为若干个部分，如稳健的投资、积极的投资、保守的投资等等，目的就是让自己在资金安全的前提下，让投资最大限度地发挥增值的作用。

3. 妥善保管理财文件

如果你是个粗心的人，这一点尤其重要。妥善地保管好一些重要的文件，如存单、房产、契约以及各种合同书等。这些文件不但是一种记录，还是一种法律文件。一方面，整理自己的理财文件可以有效地帮助我们分析自己的财务状况，另一方面也为保护自己的利益提供了有效的证据。

4. 与时俱进的理财计划

社会的变化速度远远超过了你我的想象，生活水平在不断地提高，各种需求和想法也在不断变化，经济形势不断变化，新的理财工具也层出不穷。去年的理财计划很可能就不适应今年的经济状况，所以你要懂得在理财环境变化的情况下，更改自己的理财计划，当然这样更改必须是有充分前提的，轻易更改自己的计划，很可能会遭受巨大的损失。

理财需要循序渐进，当然这样一个流程只是为理财提供了更好的保障。做好其中的每一步都是为了让我们理财更成功。而其中每一步都需要我们付出时间和精力，自己去摸索技巧和思考经验。

理财宝典»»

理财的最佳时间，就是从你手里有了第一次余钱开始，或看好它不做无意义的挥霍或放任它，让它去赚“外快”。

注重家庭财务安全规划

各种灾害和风险是一种客观存在，家庭生活也可能会遭遇到，它不但给家庭成员造成肉体、精神上的损害，还会带来财务上的损失。对此，我们不得不防。具体来说，家庭生活中都存在哪些风险，我们又该如何防范和避免呢？

第一，各种潜在危险。

比如，由于家中主要的经济支柱亡故、意外失去工作能力等，使家中主要经济来源中断；家中成员罹患重大疾病，尤其是慢性病，庞大的医药费支出，往往使一般家庭无法负担；投资错误，如利用举债、融资的方式过度投资，因不幸投资错误而惨赔；受人连累而负债，现在也时常听说有人为别人作保，到头来莫名其妙地背了一身债。

对此，作为工薪族要通过理财构筑一套“防御工事”。“防御工事”之一是“保险”。投保时要掌握好“保险归保险，投资归投资”，使保险充分发挥其保障性功能。此外，家中一定要存有一笔相当于三至六个月家庭收入的“紧急资金”。这笔资金不一定是现金存款，也可以是变现性较强、较安全的投资工具，如定期存单、债券等。最后，家中的管理财务者，应定期将家中财务资料整理好，置于安全处，一旦发生问题，好使全家人清楚了解财务状况。

第二，家庭投资的风险。

为了增加家庭收入，我们习惯进行多种投资，实现开源的目的。投资所带来的风险，是一个家庭要重点考虑的问题。因为，有投资就有风险，这是一条“铁律”。它除了有风险高低之外，在性质上也有差异。最重要的是，明确各种风险的存在，并找到应对之策。

政治风险：如某一地区政治不稳定，会使投资人却步，因而导致股价下跌。这是一种不可控的因素，投资者往往无能为力。

财务风险：以股票或债券而论，会因公司经营不善，财务状况不佳使股票价值下跌或无法分得股利，或使公司债券持有人无法收回本利。

市场风险：投资股票、期货时，市场行情波动会使持有的股票、期货合约的价格随之变动而造成损失。

通货膨胀风险：通货膨胀会使钱贬值，失去原有的购买力。如果投资的回报率赶不上通胀的水准，实际就等于赔钱。一般来说，通胀加剧时对金融性资产的影响最大，但不动产和黄金等的抗通胀性则好得多。

利率风险：市场利率变动，也会使投资造成亏损。例如投资债券时，利率上升使债券价值下跌，造成损失。

综合以上分析，可以看出虽然进行投资是改善家庭收入的重要工具，但在进行投资前，最好先衡量一下会遇到什么样的风险，以及自己能否承担这样的风险。

既然家庭财务风险随时存在，我们就要掌握防范与化解风险的具体方法，让一家人生活在稳健的财务保障体系内，真正实现衣食无忧。

1. 分散风险

对理财总风险而言，应根据收入情况安排，对于工薪家庭，一般可将收入的1/3用于消费，1/3用于储蓄，还有1/3用于其他投资。就投资风险而言，可对股票、储蓄、国债和保险搞个投资组合，这样可以分散投资风险，也不至于因此影响到家庭生活。对偿债风险而言，借入资金的总量和结构一定要与未来现金流入总量相适应，避免还债期过于集中和还债高峰出现过早，创造一个较为宽松的外部环境。而且借入款项要做到短期融资短期使用，中长期融资中长期使用，特别是在住房借贷时要合理规划。

2. 降低风险

缩小风险损失或伤害的程度、频率及范围，使其限于可以承受之内。降低风险按过程来说，有事先控制和全过程的控制，如对投资金额、成交价格、成本费用设定界限，不得突破；对于合理的民间借款要签订书面协议，要素要齐全，一旦违约，及时催收，如发生纠纷，可以向法院提起诉讼；不轻易为他人提供担保或抵押。为他人提供担保，其实质就是依法认同自己是第二债务人，要负连带责任。

3. 接受风险

接受风险就是自身承受风险所造成的损失或伤害。接受风险的原因主要是：A. 回避或控制风险有较大的局限性，有些损失或伤害是躲不开的，如人的生老病死、地震和水火灾害等；B. 不能认识到家庭面临的风险而处于盲目状态；C. 家庭面临的风险不大，或风险虽大而有来自家庭外部的保障，家庭自身可以承受这些风险造成的损失或伤害；D. 家庭财力不济，无力购买保险或采取其他相应措施；E. 在投资损失已成为既定事实的情况下，或防范风险所需成本高于风险带来的损失时，只有接受风险。

总之，在生活中本身就隐藏着许多财务危机，有些处理起来较容易，但另一些危机一旦发生，若无防范措施，很可能会让一个家庭面临瓦解。因此，谙熟家庭生活中潜在的风险，并找到相应的防范措施，是提升生活质量的王道。

理财宝典»»

很多时候，做家庭财务规划，人们更看重回报到底有多少、收益率有多高，却忽略了家庭财务的安全性。只有拥有足够的抗风险能力，家庭财务才能自由、自在。在家庭财务的金字塔中，人寿保险、重大疾病保险占有重要地位，是实现家庭财务安全的基石。

制订家庭理财模式

每个成年人都知道，单身生活与组建了家庭的生活方式是不同的，有了自己的家庭，夫妻支配的是两个人的收入，以及如何合理开支，解决家庭消费的问题。不当家不知柴米贵，制订科学、合理的家庭理财计划，夫妻二人就把家庭财务打理得井井有条，过上幸福美满的生活。

家庭理财的关键是有一份计划书，结合两个人的收入、消费特点，确立大项目开支的方向、小额开支的费用，从而让家庭理财具备可操作性。在此，我们可以从下面几点入手，制订家庭理财计划书，进而确定理财模式。

首先，要分析家庭的收益情况。收益是一个家庭理财计划的起点，包括家庭的主要收入、额外收入等内容。对固定收入有明确的判断，对额外收入有大致的预期，接下来制定理财计划就容易一些，也更实际一些。

其次，了解家庭的开支情况。一个家庭的维持需要有一些基本费用，比如每个月的水电费、物业费等，以及购置大件家具、家电等的费用。此外，夫妻二人的交通费，通讯费和交际费用等，以及孩子的抚养和教育费用，都是必不可少的支出。这些费用加在一起，构成了一个家庭的主要开销。了解了这些开销，做一个详细的预算表，可以帮助我们控制消费，节约资金。

一个家庭理财模式的确立，是根据家庭收支情况确立的。明确了收支状况，就能对家庭的经济实力和风险承担能力形成基本的判断，进一步制定适合自己家庭的理财模式。概括起来，不同家庭的理财模式大概可以分为以下几种：

1. 保守型

保守型是指夫妻二人的收入都比较低，所有收入用于日常生活，最后所剩无几。这样的家庭很少有闲置资金，家庭负担也比较重，很少会投资，也很难承担突如其来的风险。具体来说，刚结婚的年轻小夫妻，下岗职工的家庭，以及年龄较大的退休职工家庭，会采用保守型的理财模式。这类家庭的理财目标是尽量规避投资风险，保证家庭的每个月开销。在实际生活中，他们会选择银行储蓄这种风险较小的理财方式，也会尝试着购买国债。

2. 积极型

积极型的理财模式是指当事人在理财中敢于面对风险，在投资上比较敢作敢为。这类家庭大多有较强的经济实力，即使投资失利也不会影响到正常的生活。此外，他们的心理承受能力很强，不会因为损失影响自己的投资积极性。

如果你的家庭经济实力强大，收入比较丰厚，闲置的资金也很多，那么就可以选择积极型的理财方式。具体来说，城市白领阶层、中高产阶级家庭，或企业的管理层，都采用积极型的理财模式，大多会购买债券、汇市、基金等投资性的金融产品。

3. 稳健型

稳健型的理财模式是指金融储蓄和金融投资相结合的理财方式。这种模式比较适合有一定经济实力、有一定量资本积累，或者有可靠工资收入的家庭。这类家庭一般追求稳定的收益，注意规避风险，习惯把工资收入的大部分放进银行储蓄进行管理，而其余部分投入股市或者进行投资，争取获得更好的收益。

4. 冒险型

如果你的家庭负担很轻，心理上和财力上都愿意承担较大风险，并且希望在短期内改善家庭的财务状况，那么就可以采用冒险型的理财模式。这类模式会有较大的资金投入，适合处于创业期的年轻家庭。

从根本上说，这类理财模式是在进行高风险的投资，达到获得较大金融投资收益的目的。在投资方向上，一般会选择股票、期货、基金等具有较高风险的金融产品。

总之，上面四种理财模式适合不同经济状况的家庭，家庭的女主人必须摸清自己的实力，再选择合适的方案，从而实现最优的家庭财务规划。反之，如果作出了错误选择，很可能会面对极大的财务风险，让家庭财务状况雪上加霜。

此外，家庭理财模式没有绝对、固化的套路可循，一切都要随需而变。比如，有的年轻夫妇选择 AA 制的理财模式，照样活得有滋有味。在这种理财模式下，夫妻二人一方负责日常开销，一方管理子女的生活教育，双方在支出基本平衡的前提下，承担对应的家庭支出，剩余的资金作为自己的私房钱自由支配，互不干涉。

这样做的好处是，避免把家庭的全部资金投入到一个方向，减轻了遭遇财务危机时的尴尬局面。另外，分开支出还能在夫妻之间形成一种竞争的状态，激发双方理财潜能，得到最佳的理财效果。夫妻二人的理财优势各不相同，这样就能各展所长，往往能为家庭带来意外的惊喜。

理财宝典 »

理财模式也并非只有以上提到的几种，不管你是属于哪种家庭，只要能对自己的家庭资产进行客观、正确的评估，根据实际情况制定适合的理财计划，都是值得提倡的。

谙熟家庭税务操作技巧

税收是现代文明的一种必然结果。向国家纳税是每个公民应尽的义务，按期交付税款更是义不容辞的责任。不过，从理财的角度来看，掌握家庭税务操作技巧，学会合理避税，可以帮我们节省一笔资金。

随着法律法规的完善，家庭付税的机会日渐增多，这在一定程度上成为一项家庭财务负担。许多时候，合法、合理地做出减税安排都是有利无害的，而且是绝对无风险的省钱方法。不论你做什么生意，从哪个行业赚钱，合法避税都是现代人理财的高招。

在国外的电影中，我们经常看到这样的情景：一到年底，很多人会请来一位会计师为自己计算应缴纳多少税，并尽可能少缴一点。在这里，这些会计师的主要任务就是合理避税。坦率地说，合理避税就是在对税法有深入了解后，合法地尽量少缴纳税款。

以我国的劳务报酬所得税为例，劳务报酬所得属于一次性收入的只征收一次税；属于同一项目连续性收入的，按月计算，每月征收一次。这其实没有什么问题。但是经过计算，把一笔大的劳务收入分成几个月收取，每月缴纳税款、应缴纳的个人所得税税额会有一定下降。下面，我们通过一个实例看看其中的玄机。

A 设置模式：一次收费，一次交税

纳税人甲和纳税人乙分别一次性从外单位取得技术咨询费5000元和演出出场费30000元。那么他们分别应缴纳税款：

甲：应纳税额5000×（1-20%）×20%=800元

乙（因为金额较高，所以计算也复杂）：

（1）应纳税所得额30000×（1-20%）=24000元

（2）应纳税额24000×20%=4800元

（3）应加成征收税额（24000-20000）×20%×0.5（加征5成）=400元

乙总计应纳税4800+400=5200元

甲和乙分别应缴纳税款800元和5200元。

B设置模式：分开按月缴纳

甲分2个月收取5000元（每月2500元）：乙分3个月收取30000元（每月10000元）。

甲每月应缴纳税款为：（2500-800）×20%=340元

那么，2个月总共应缴纳税款就是：2×340=680元，比原来少缴纳了120元。

乙每月应缴纳税款为：10000×（1-20%）×20%=1600元

那么，3个月总共应缴纳税款就是：3×1600=4800元，与原来相比，少缴纳了加成征收税额。

如果按照B模式，甲的120元和乙的400元就不会征收，这就是合理避税。

实际生活中，这种避税方法是很实用的，可以帮助人们节省一笔不菲的开支。那么，具体应怎样做到合法避税呢？

首先，可以优先选择教育储蓄。因为在我国教育储蓄的利息所得将免征个人所得税，也就是说教育储蓄是一种“免税”储蓄。教育储蓄将定向使用，是一种专门为学生支付非义务教育所需的教育基金的专项储蓄。教育储蓄的利率享受两大优惠政策，除免征利息税外，其作为零存整取储蓄将享受整存整取利息，利率优惠幅度在25%以上。

其次，可以货比三家买企业债券。企业债券也属免征利息税的投资品种，且利率要比同期的银行利率高出 1～2 个百分点。现在市场上发行的企业债券较多，工薪族可选择资信度在 AA 级以上，有大集团、大公司作担保的、知名度较高，最好还能上市的品种作为自己投资组合的品种。

再次，购买人寿保险。对于人寿保险，因其是一项和人民生活福利保障息息相关的行业，政府当然会鼓励、扶持。所以在赔偿税收政策方面相应的采取了免税的政策。比如，一位 39 岁的当事人，投保其分红险共计 10 万元，年交保费 8680 元。在第 5 年，他获得分红 2 万元，之后又不幸因意外事故身亡，其投保书上的受益人指定为“法定继承人”。那么，除了他第一次获得的 2 万元分红可以全部免税外；当事人身亡后，其受益人所获的赔偿金也可全额免税。购买人寿保险，不让自己一辈子辛辛苦苦积攒下来的财产“缩水”，这种理财方式已经得到了更多人的认同。

最后，工薪阶层要学会合理避税。如果你是打工族，老板要付给你薪水。这些钱作为个人的一种收益，当然要交税。但是，如果公司为你提供专车，你就节省了交通费；公司为你提供工作服，你又节省了服装费；给你免费医疗，你生病时又节省了医药费。这些利益虽然不等于你的现金收入，却满足了你特定的物质需要，而且不用交税，因此可以成为普通人理财的一种策略选择。

总之，家庭财务消费内涵广泛，涉及到庞大的资金支出，自然会产生税务操作。为此，我们要掌握避税技巧，尽可能节省每一分钱。

理财宝典»»

挣钱难，省钱更难，在合法范围内少缴税，实际上就是一种省钱的方式。最重要的是，你要找到专业人士的帮助，从中得到有益的建议，并执行到位。

家庭信贷消费大有学问

2003年国家统计局在北京、山西、辽宁、江苏等10个省市区，随机抽选了5000户城市居民家庭，进行了城市居民收入预期和消费意向调查。这份调查表明：信贷消费被半数以上的家庭接受，住房、教育和医疗成为最重要的消费项目。在对消费信贷所持的态度方面，有7.2%的居民表示完全赞同，并且已经尝试过；有26.1%的居民表示完全赞同，但是还没有尝试过；有20.9%的居民表示可以考虑。由此可见，信贷消费在家庭理财中正占据越来越重要的地位。

家庭财务管理离不开借贷，或者向亲人、朋友借钱应急，或者向银行贷款进行大额消费、投资。总之，只要不是弄得自己债台高筑，负债累累，借钱确实可以满足不时之需，可以增加家庭的财务自由度。

因此，幸福家庭的理财方案，少不了借贷消费这个主题。通过借贷，你可以在最短的时间里解决资金难题，让自己的投资获得资金保障。具体来说，借贷消费可以为我们带来两大便利：

第一，提前过上品质生活。只要家庭财务能力充裕，在手头资金不完备的时候，我们可以通过借贷提前消费高档商品、耐用商品，比如房产、汽车等。今天，这种贷款消费已经非常流行，它极大地提升了人们的生活品质，也促进了经济发展。

第二，抓住稍纵即逝的投资机会。借贷运用得好，同样可以投资致富。与积累投资相比，借贷投资无疑是一条捷径，它省去了资本原始积累的漫长过程，能够帮你在投资机会面前顺势而为，获取不菲的收益。时间就是金钱，如果凡事都要等到存够了钱再去行动，恐怕机会已经从你身边溜走了。

不可否认，信贷消费毕竟是一种债务，要综合考虑家庭财务能力，避免发生财务危机、降低生活品质。

曲先生从银行贷款十万元买了一辆“宝来”轿车，可每天只是上下班用车，从家里到工作单位还不到2公里，其他时间车子基本上闲置着。

另外，他结婚前贷款买了房，结婚时又借了钱办婚礼，贷款蜜月旅游。一通热闹过后，小两口一算账吓了一跳，今后20年内都得勒紧裤腰带过日子了。

由此可见，进行家庭信贷消费的时候，必须综合考虑问题，既要满足个人物质需求，又要周密计划未来一段时间的收入。让信贷消费成为家庭理财的好帮手，是我们的最终目的。那么，信贷消费有哪些问题需要注意呢？

1. 必须有及时偿债的能力

既然借了款，就会有偿还的那一天。这个时间可能是按月还小额贷款，或者是一年以后全额还款。总之，要正确评估自己的偿债能力，然后再根据财力状况借贷消费。

2. 坚持科学合理的消费

信贷消费的目的是通过借钱换取时间和空间，提升生活品质。这笔钱迟早是要还的，不可以无限制地消费，以及胡乱消费。否则，一旦超过了还款限度，必然让自己陷入财务危机，那就得不偿失了。

3. 计算利息的数额大小

如果是向财务机构和银行借贷，你就要支付相应的利息。如果利息高昂，那你通过借贷所赚到的钱就会打个折扣。借的时间越久，利息就会越高。此外，投资一旦失利就会无力偿还本金，投资高风险项目，又看错市场的话，就有可能一夜之间将所有的借贷输个精光。

4. 借贷大有学问

一是选择银行利率低的时候进行借贷，这样借来的钱需要很少的利息，却能为你创造很大的价值。二是在通货膨胀的时候进行借贷，通货膨胀的时候物价飞涨，手上的钞票购买力会降低，这时候可以选择向银行借贷。三是有了成熟的投资计划时借贷，因为没有计划借钱出来，借来的钱又没有实际的用处，就会影响自己的还贷和加重生活负担。

理财宝典»

家庭理财中，不可能每一种消费都是由积累资金实现，适时和适当的借贷会减轻你的财务负担，提早享受高品质的生活，并赢得创造更多财富的机会。

时刻关注现金流量表

生活中，特别是对于已经成家的工薪一族来说，都应该有自己的收入和支出计划，不管是在结婚前还是结婚后，都要时刻关注自己的现金流量表，知道自己的每笔钱的动向，掌握好自己的消费程度。

比如，一个善于投资的工薪族，会有工资和投资两方面的收入，这两个方面构成了自己的总收入，这就是自己的现金流入量。但是也会有一定的支出金额，比如，购买或维修物品、通讯费用、外出就餐、交通费用、日常生活用品费用等各方面的费用，所有的费用加在一起，就是现金流出量。

今天，无论是男人女人不依靠任何人，同样可以撑起一片自己的天空，也都有了更多的收入来源。无论是在职场中，还是创业中，都有了比原来更多的赚钱方式。

文良，是一名政府公务员，除了平时的工作外，由于在大学的时候他就喜欢写点文章投给报社，他就利用这样的优势为自己开辟除工作之外的收入。因为文良是把写作当作自己的一份“事业”，所以写稿的热情一下子就被调动起来了，开始有针对性地给不同的报社和杂志写稿子。

现在文良每天除了固定的工作收入外，稿费每月就在2000元左右，已经快赶上工资了，现在的生活显然比从前更加宽裕了，既打发了他这种机关工作的无聊时光，更重要的是为自己创造了更多的财富。文良就是很好地利用了自己的特长和兴趣，增加了自己账户里的现金流入。

除了这种和自己的工作性质相联系的兼职可以增加自己的流入现金外，投资更能够使自己的收入突飞猛进。

现在银行里有很多的理财可以投资，任何人都可以通过咨询选择适合自己的理财产品，无论是长期的还是短期的，只要尝试后能帮自己增加现金流入的就应该坚持下来。

赵新在购物的时候，自己的Visa卡到了最高透支额度，于是转而用另外一张卡，晚上购物回到家的时候，赵新突然发现，现在的自由购物并不是什么真正的自由，他仔细思考了自己的消费对于经济、环境、社会，更重要的是对他自己的意义，于是决定，下一年全年不买东西，看看自己的生活会不会因此发生变化。

赵新并不是物质欲十分强烈的人，这一年他控制自己，不吃零食，冰箱里不储存太多的食物，不开耗油的SUV汽车，减少应酬，不买高档消费品。

到了一年期限满的时候，赵新清查了一下自己的支出账目，并且和上一年的消费做了一下比较。他发现房屋贷款、水电费和健康保险等基本费用，不可避免地用掉了总收入的四分之三，其他的四分之一可以任意支出的部分，和上一年相比较，书籍上省了1300元，衣服省了3500元，他一年没有看电影，没有在外面吃过一顿饭，一共节省了8000元。

为自己省下了一笔不少的钱。

总的来说，一个职业人用在支出上的费用无非是休闲娱乐人际交往和一些提升自己业务水平的支出，要想控制住自己的支出，最好能把自己的消费做一个小小的计划，比如，每年最多购买多少钱的衣服，每年用在应酬培训费上的费用，计划出行的时候尽量坐公交车，出差最好不要选择在高档餐厅就餐等，这些小的细节能够影响你的现金流出速度，为你省下一笔不小的开销。

无论是现金的流入还是现金的流出，缺少关注都会给你的资金带来危机。忽视前者，你会发现你的银行资金在长时间内并没有一个大的增加，你也许很努力地工作，也曾经涨过工资，可是不会理财投资的你还是守着固定的收入，过着自己拮据的生活。

不关注自己的现金流出的后果会更加严重，往往会在自己的钱花光的时候，还不知道自己到底是把钱花在了什么地方，由于盲目消费造成了你的资产的大量流失。

所以说，无论你现在是单身还是已经组建家庭，都要随时关注自己的现金流量表，为自己的收入和支出做一个详细的执行计划，在增加收入的同时，尽量避免不必要的资金流出而造成损失。

理财宝典»>

理财就是使自己的钱能够始终掌控在自己的手里，增加收入，节省开支是理财的终极目的，现金流量表能帮你分析自己的理财习惯，发现弊端，规避损失。

记账是最常见的理财技巧

任何一个旅行家和探险家都不可能离开指南针的帮助，否则，会让自己迷失方向。在投资理财领域内同样需要指南针的指引。“凡走过的地方必定留下痕迹”，把理财过程中的每一笔开销以账目的形式记录下来，有助于我们在投资理财中辨明方向、调整策略，达到降本增效的目的。

经验表明，只有持续、有条理、准确地记录日常生活中的每一笔现金流，才能形成全面、准确的财务信息，进而制定科学的理财计划。在开始理财计划之前，养成记账的习惯，详细记录自己的收支状况，是很有必要的。

“收入－存款＝支出”，这是积累财富的黄金定律，只有增加收入，减少支出，个人积蓄才会越来越多。因此，在努力赚钱的同时，要努力做到不超支，拒绝购买不必要的东西，从而保持财务盈余，慢慢积攒下一笔不菲的资金。

挣钱不容易，如果自己再有花钱如流水的毛病，那么个人财务状况无疑会雪上加霜。最让人揪心的是，花费没有头绪，日常开支中经常花冤枉钱。摆脱这种不良局面，无疑可以通过记账来实现。很简单，养成记账的好习惯，掌握自己每天、每周、每个月的现金流量，随时追踪自己赚了多少钱，花了多少钱，买了哪些东西。根据财务状况，适时调整消费预算，合理安排日常开销，就容易花最少的钱，过上有品质的生活，而且还不会感觉手头紧张。

在一定时期内，每个人的可支配收入都是固定的，即使有再多的钱，如果失去了节制，甚至成了拜金者，也会捉襟见肘。通过记账做好家庭财务预算，是合理开支的基础。让我们看一个未婚先生的小账簿，来体会一下记账益处。

20012-08-24

早餐：5.5元、烟一包：7元、晚餐：18元

20012-08-25

早餐：5.5元、烟一包：7元、看电影：26元、饮料：5元、晚餐：24元

20012-08-26

早餐：5.5元、烟两包：14元、晚上与同事小酌AA制：60元

20012-08-27

早餐：4.5元、洗漱用品：30元、晚餐：15元

20012-08-28

早餐：5.5元、烟一包：7元、袜子：10元、晚餐：14元

20012-08-29

午餐：牛奶、点心12元、晚餐：30元

20012-08-30

午餐：牛奶、点心12元、烟一包：7元、水果20元、晚餐：20元

一周消费合计364.5元

通过上面的实例可以发现，通过记账可以有效掌握钱是怎么花出去的，花到哪里了。经过全面权衡、判别，就能进一步明确下个时间段应该如何合理消费，减少花冤枉钱的可能。

生活中，哪些朋友应该立刻把记账提上日程呢？首先是糊里糊涂，不知道自己把钱花在哪里的人。其次是花钱没有节制的人，为了虚荣心超前消费和过度消费。此外，刚刚步入社会或婚姻殿堂的人，以及有房贷、车贷的人，也有必要记账，提早做好消费支出记录与财务规划。

既然记账这么重要，我们就该立刻行动起来，把它落实到日常理财

计划中，让自己少花冤枉钱，攒下更多资金。

最常见的方式是买一个小本子，通过手工记账。此外，还可以通过上网下载记账软件，或者在专业的在线记账网站，完成每日的记账活动。需要注意的是，选择记账软件的时候坚持简单、易操作的原则，别用复杂的记账工具，避免因为繁琐对记账失去兴趣。

至于账本记录的内容，也要坚持简单的原则，通常只要记下花了多少钱，买了什么东西，以及这次消费的意义就足够了。

有的人喜欢逛网店，平时在淘宝上闲逛，一不小心就会掏钱购买喜爱的宝贝。这些花费可能不多，看上去也很便宜，但是日积月累就是一笔不小的开销。而养成记账的习惯，并及时总结那些不必要的开支，就能逐步改变消费习惯，实现节流的目的。家庭理财，就来自于日常的点滴节俭。

理财宝典»

通过记账的方式审视自己的消费行为，为自己的理财制定更详细和更实用的计划，控制自己的消费金额，可以节省更多的资金，用于长期的理财投入。

为宝宝做好教育储蓄计划

教育储蓄作为国家开设的一项福利储蓄品种，目前银行一般约定教育储蓄50元存起，存期分为一年、三年、六年3个档次。存储金额由存储人自行决定，每月存入一次。

教育储蓄具有客户特定、存期灵活、总额控制、利率优惠、利息免税的特点。由于教育储蓄是一种零存整取定期储蓄存款方式，在开户时存储人与金融机构约定每月固定存入的金额，分月存入，但允许每两月漏存一次。因此，只要利用漏存的便利，存储人每年就能减少了 6 次跑银行的劳累，也可适当提高利息收入。

无疑，孩子是父母的希望，同时也是祖国和社会的未来，孩子健康快乐的成长，能够接受良好的教育是每个家长的心愿。特别是在现代越来越激烈的社会竞争中，多读点书是很有必要的，更是有一些经济条件比较好的家庭会选择让自己的孩子出国深造。

纵观现实，对于普通家庭来说，现在的教育费用的上涨是一笔不小的开支，能不能为自己的孩子做好“教育储蓄计划”，会直接影响到孩子未来的学业。

调查显示，83% 的人在孩子的教育费用上感到吃力，54% 的家庭在子女身上的支出占了家庭收入的 20%。加之教育费用的开支又具有时间上的刚性，既不能减少或延缓支出，因此及早做筹划准备是十分必要的。

那么，我们如何做好“教育储蓄计划”呢？一是计划性投资，二是要规避风险。

也许你会问，生活中会有哪些风险能影响到自己孩子的教育金的积累呢？其实，生活中影响到孩子教育金积累的风险还是很多的，比如：

第一：父母发生意外，这里的意外包括意外伤害、突然失业、投资失败等多方面的，或者疾病和事故的风险。这些可能存在的风险如果不幸发生，会在很大程度上影响到你孩子的教育用款，也就难免会在不同程度上影响到孩子的学业。

第二：父母存在离异的风险。社会的发展，经济的快速发展，人们对自己的婚姻要求也随之提高，对自己的伴侣要求也随之提高，可以说中国人的婚姻观正在发生改变……我们都说“夫妻同心，其利断金”，而夫妻一旦“不同心”，无论从心理还是经济上，受影响最大的首先是孩子。父母离异，经济上的纠纷是难以避免的，孩子的教育用钱由谁承担，怎样分摊等都是对孩子教育的一种风险。

第三：不可否认，现如今资金有“缩水”的风险。基于现在社会的经济发展不稳定，国际市场的不稳定，资金存在缩水的可能性，如果过多将资金放在银行或股票等风险投资上，“缩水”的风险就更大了。

分析了这些风险，我们得出了一个结论，那就是，要尽早为自己的孩子做好教育储蓄的计划，这个教育储蓄能够为自己的孩子今后的教育保驾护航。

比如，有的父母给孩子开了储蓄账户，凡是孩子的额外收入都要求孩子存入银行。这种方式最大的好处并不在存钱的本身，而是有利于培养孩子勤俭节约、有计划生活的好品质。孩子的收入来源大致有两种，一种是压岁钱。每年春节，孩子都会得到数量不等的压岁钱，多的几千，少的也有百十元。这笔钱如果无计划地花掉，实在是没有意义。如果按计划存起来，将是一笔可观的收入。另一种是亲朋好友平时串门时候给的钱，这些钱数量不一，也是一笔不小的收入。

除了上面提到的固定教育储蓄，还可以把其他投资收入作为孩子的教育基金。

第一：银行及银行理财产品。一年内需要用到这笔教育储蓄，最好就是放在银行；一年至三年要用到的，可以选择一些相对固定收益的银行理财产品；超过三年甚至十年以上的，不建议放在银行。

第二：基金定投、黄金定投。对于五年以上才用到的教育储蓄，作基金定投是个很不错的选择：采用基金定投，不论市场行情如何波动，每个月在固定时间定额投资，在基金价格较高时买进的份额较少，而在基金价格较低时买进的份额较多，长期累积，可以有效地回避风险，复利效果也非常明显。建议风险承受能力较强的家庭重点关注。

第三，购买黄金。黄金一直被看成是财富的象征，具有不可替代的保值功能。在目前通胀预期如此强烈的大背景下，黄金更是受到很多人的追捧。但是对普通投资者而言，很难准确判断黄金的未来走势，因此一次性大笔投资是具有风险的。因此，黄金更适合定投，目前，部分银行就推出了黄金定存性质的产品，长期地分批买入，能够更好地平衡风险。

第三：保险。所有保险都有一个共同的特点：短期回本慢。因此，不建议五年内需要用到的教育储蓄通过保险来完成。保险的风险波动小，而且属于强制储蓄，这样可以避免在储蓄的过程中随意挪用教育储蓄。另外，保险的保障功能可以把孩子成长过程中的人身、疾病和意外等风险转移给保险公司。

由上可见教育储蓄的方式还是多种多样的，这样的教育储蓄能够为自己的孩子将来的教育准备一笔随用随取的资金，享受理财带来的好处。因为教育资金对于孩子的非义务教育阶段还是一笔不小的开支，所以教育计划投资对于父母来说，越早准备越好。

理财宝典»

在自己的孩子还在婴儿的时候就准备好为孩子开设一个教育储蓄，这能让你的孩子在教育花费上，或者更高层次的教育水平上没有后顾之忧。

控制好休闲娱乐支出

现代社会，休闲娱乐在我们的生活中占据了越来越重要的位置。喜欢玩是人的天性，而良好的休闲娱乐方式能帮人们保持良好的心理状态，对健康有益。此外，日常聚会，人际交往，也少不了休闲娱乐，它已经成为社交的一种必要手段。于是，为此支出的费用在家庭消费支出中所占的比重也越来越大。这里就有一个如何掌控限度的问题。

新婚不久的小林是一名机械工程师，月收入6000元。妻子的收入也在3000元左右，年轻人总会有一些娱乐性的消费，每个月除了2000元的基本生活开销外，还有2500元娱乐、购物的费用。时间一长，这笔费用时不时地还会超支，再加上每个月供房的3000元，他们每月所剩下的可支配收入只有2000元左右。

夫妇二人想在明年要个孩子，因此都比较担心今后家庭财务的抗风险能力，所以他们咨询理财专家，作出了家庭财务新规划。

专家表示，小俩口新婚燕尔，以目前的财务状况看，他们未来的财务状况是有压力的。为此，只能大幅削减娱乐购物的费用，降至500元到800元之间。

从上面的故事中不难看出，小林夫妇的休闲娱乐的费用过高，给家庭财务支出带来了沉重的负担，因此有必要削减。

罗曼·罗兰曾说过这样一句话："生活是一首交响乐，生活的每一时刻，都是几重唱的结合。"生活中，家庭休闲娱乐方式多种多样，与其拘泥于某种需要高额费用的项目，不如转移视线，从游泳、登山、划船、垂钓、打球、探险、蹦极、收藏、书画等丰富多彩的消费娱乐形式中体验闲情乐趣。

1. 减少不必要的娱乐开支

在我们身边，有些人虽然挣得多，但却一直喊穷，时而抱怨物价太高，工资收入赶不上物价飞涨的幅度，时而又会自怨自艾，恨自己不是生在富贵之家。是什么原因使这些高收入者捉襟见肘呢？原来他们在休闲娱乐上投入了过高的费用。适当减少这方面的开支，换一种生活方式未尝不可。

2. 同事间的应酬和请客要有节制

有了邀约，不用每次都去，也不必每次聚会都是自己买单，与其打肿脸充胖子不如让自己的钱包饱满点。无节制的应酬并不会为你的工作带来质的改变，反而会影响身体健康。

3. 减少购物量

不管是在结婚后还是结婚前，一家人当中，女人大都喜欢逛街购物。不过，有时候可以从闲逛中打发时间、满足眼球的欲望。最重要的是，从逛街中获得一份闲适的心情，而不只是得到物欲的满足。相反，有人陷入了频繁购物的恶性循环中，才是饮鸩止渴的行为。

理财宝典»»

休闲娱乐支出的减少能节省支出，增加资本积累，也能杜绝过度消费的坏习惯，避免形成对奢侈品的过度追求。

三

理财常识：
工薪族用“薪”理财，从知识学起

理财作为一种现代家庭中有效地管理、使用自有资财的能力，被越来越多的人所关注，在实践中通过有效的理财来达到增资节出的效果，也为越来越多的人所认同，但要真正成为一个理财的行家里手还需要先做好一个学生，认认真真修好理财这门课。

不可不知的专业投资术语

1. 复利

所有放货的个体和银行计算复利的标准都是一样的，即：复利是由本金和前一个利息期内应记利息共同产生的利息。称息上息、利滚利，不仅本金产生利息，利息也产生利息。爱因斯坦甚至称复利是世界第八大奇迹。

复利的计算公式是：

本利和：本金×（1+利率）×期数

举个例子：1万元的本金，按年收益率10%计算，第一年末你将得到1.1万元，把这1.1万元继续按10%的收益投放，第二年末是1.1×1.1=1.21万元，如此第三年末是1.21×1.1=1.331……到第八年就是2.14万元。

同理，如果你的年收益率为20%，那么三年半后，你的钱就翻了番，一万元变成两万元。如果是20万元，三年半后就是40万元……

当然，要让复利为我们带来可观的收益，需要具备三个条件：

（1）足够多的本金；

（2）好的投资渠道；

（3）足够的耐心和信心。

可见，这对大部分普通的工薪阶层，或者对那些到今天才开始醒悟的中老年理财者们来说，要让复利真正为自己的钱财服务，本金的积累是一道关，我国有限的投资渠道和在有限的渠道里的选择又是一道关，具备精明的选择能力还是一道关！这就是复利神奇与否的分水岭。复利的神奇需要条件。钱能生钱，这是复利原理的自然体现，可它完成不了人们的主观抉择。这也是人们不能完全利用复利生利的原因。

2. 洗盘

是一种股市用语。庄家为达炒作目的，必须于途中让低价买进，意志不坚的散户抛出股票，以减轻上档压力，同时让持股者的平均价位升高，以利于施行做庄的手段，达到牟取暴利的目的。洗盘动作可以出现在庄家任何一个区域内，基本目的无非是为了清理市场多余的浮动筹码，抬高市场整体持仓成本。基于上述理由，进一步理解洗盘的主要目的在于垫高其他投资者的平均持股成本，把跟风客赶下马去，以减少进一步拉升股价的压力。同时，在实际的高抛低吸中，庄家也可兼收一段差价，以弥补其在拉升阶段将付出的较高成本。很多投资者在买进某种股票以后，由于信心不足，常致杀低求售、被主力洗盘洗掉，事后懊悔不已，看着股价一直涨上去。炒股的人，对于主力的洗盘技巧务必熟知。

操盘手较常采用的洗盘手法有以下5种：

（1）打压洗盘。先行拉高之后实施反手打压，但一般在低位停留时间不会太长。

（2）边拉边洗。在拉高过程中伴随回档，将不坚定者震出。

（3）大幅回落。一般发生在大势调整时，机构会顺势而为，错机低吸廉价筹码。投机股经常运用这种手法，或盘中机构已获利颇丰。

（4）横盘筑平台。在拉升过程中突然停止做多，使缺乏耐心者出局，一般持续时间相对较长。

（5）上下震荡。此手法较为常见，即维系一个波动区间，并让投资者摸不清庄家的炒作节奏。

3. 仓位

仓位是指投资人实有投资资金和实际投资的比例。

比如你有10万元用于投资基金，而实际用了4万元买基金或股票，那么，你的仓位是40%。

如你全买了基金或股票，你就满仓了。

如你全部赎回基金卖出股票，你就空仓了。

如果目前市场不十分明了，随时可能跌，那么就不应该满仓，因为万一市场跌了，你卖期货可能亏，但是你也没有钱买期货，就很被动。通常，在市场并不明了的时候，宜保持半仓或者更低的仓位。这样，万一市场大跌，你发现你持有的头寸跌到了很低的价位，你可以买进来，等它涨的时候，你把你原来的卖掉，就可以赚一个差价。

一般来说，平时仓位都应该保持在半仓状态，就是说，留有后手，以防不测。只有在市场非常好的时候，可以短时间的满仓。

4. 股利

每股股利是指股利总额与期末普通股股份总数之比，即每一股股票一定期间内所分得的现金股利。股利总额是指用于分配普通股现金股利的总和，这里只考虑普通股的情况。目前在我国上市公司的股利分配实务中，投资者需要关注每股股利是否含税，因为按照个人所得税法的规定，个人所得的股息、红利所得要缴纳 20% 的个人所得税，一般由发放部门代扣代缴。

5. 涨停板、跌停板

为了防止证券市场上价格暴涨暴跌，避免引起过分投机现象，在公开竞价时，证券交易所依法对证券所当天市场价格的涨跌幅度予以适当的限制。即当天的市场价格涨或跌到了一定限度就不得再有涨跌，这种现象的专门术语即为停板。当天市场价格的最高限度称涨停板，涨停板时的市价称为涨停板价。当天市场价格的最低限度称为跌停板，跌停板时的市价称跌停板价。

6. 跳空

跳空即股价受利多或利空影响后，出现较大幅度上下跳动的现象。当股价受利多影响上涨时，交易所内当天的开盘价或最低价高于前一天收盘价两个申报单位以上。当股价下跌时，当天的开盘价或最高价低于前一天收盘价在两个申报单位以上。或在一天的交易中，上涨或下跌超过一个申报单位。以上这种股价大幅度跳动现象称之为跳空。

7. 净值

净值又称“账面价值”，是股票价值的一种。通过公司的财务报表计算而得，是股东权益的会计反映，或者说是股票所对应的公司当年自有资金价值。具体计算公式为：

股票净值总额＝公司资本金＋法定公积金＋资本公积金＋特别公积金＋累积盈余－累积亏损

每股净值＝净值总额/发行股份总权

从公式中可见，股票净值代表了股东们共同拥有的自有资金和应享有的权益。股票净值与股票真值、市值有密切关系。由于股票净值表示的是公司过去年份的经营和财务状况，因此可作为测算股票真值的主要依据。如某股票净值高，表示该公司经营财务状况好，股东享有的权益多，股票未来获利能力强，该股票的真值一定较高，市值也会上升；反则反之。相对于股票真值、市值而言，股票净值更为确切可靠，因为净值是根据现有的财务报表计算的，所依据的数据相当具体、确切，可信度高；同时净值又能明确反映出公司历年经营的累积成果；净值还相对固定，一般只有在年终盈余入账或公司增资时才变动。因此，股票净值具有较高的真实性、准确性和稳定性，可作为公司发行股票时选择发行方式和确定发行价格的重要依据，也是投资分析的主要参数。

理财宝典»

俗话说："外行领导不了内行"投资理财也一样，需要了解掌握必要的术语与技巧，否则，投资理财就会像"杨白劳"一样，图小头却失了大头。

了解投资的税务知识

税收是国家凭借政治权力或公共权力对社会产品进行分配的形式。税收是满足社会公共需要的分配形式，税收具有无偿性、强制性、固定性。对于投资者而言，如果有投资行为的发生，就要缴纳相应的税金。

所以，学习投资就要了解中国的税收制度和相关的税务知识。

中国的税种现在按大的分类，主要有流转税、所得税、资源税、财产税、行为税和其他税。

1. 流转税：包括增值税、消费税、营业税、关税、车辆购置税等。

2. 所得税：包括企业所得税、外商投资企业和外国企业所得税、个人所得税等。

3. 资源税：包括资源税、城镇土地使用税、土地增值税等。

4. 财产税：包括房产税、城市房地产税等。

5. 行为税：包括印花税、车船税、城市维护建设税等。

6. 其他税：包括农林特产税、耕地占用税、契税等。

作为个人投资者，在进行投资前必然会对不同的投资方式进行比较，选择最佳方式进行投资。在目前，个人可以选择的投资方式主要有两种：

1. 证券投资

2. 实业投资

证券投资涉及的税收知识并不多，如股票投资现在只缴纳印花税，其他税收暂时免征，所以我们在这里不做详细的讲述。我们主要讲述实业投资的税务知识。一般而言，个人可选择的实业投资方式有：作为个体工商户从事生产经营、从事承包承租业务、成立个人独资企业、组建合伙企业、设立私营企业。在对这些投资方式进行比较时，如果其他因素相同，投资者应承担的税收，尤其是所得税便成为决定投资与否的关键。下面就各种投资方式所应缴纳的所得税进行分析。

1. 个体工商户的税负

个体工商户的生产经营所得和个人对企事业单位的承包经营、承租经营所得，适用5%至35%的五级超额累进税率。例如，某个体工商户年营业收入54万元，营业成本42万元，其他可扣除费用、流转税金2万元，其年应纳税额为（540000－420000－20000）×35%－6750（个人所得税速算扣除数）＝28250元，税后收入为100000－28250＝71750元。

2. 个人独资企业的税负

税收政策规定，从 2000 年 1 月 1 日起，对个人独资企业停止征收企业所得税，个人独资企业投资者的投资所得，比照个体工商户的生产、经营所得征收个人所得税。这样个人独资企业投资者所承担的税负依年应纳税所得额及适用税率的不同而有所不同。

例如：年应纳税所得额为 6 万元，适用税率为 35%，应纳个人所得税 60000×35%－6750（个人所得税速算扣除数）＝14250 元，实际税负为 14250÷60000×100%＝23.75%。

3. 私营企业的税负

目前设立私营企业的主要方式是成立有限责任公司，即由两个以上股东共同出资，每个股东以其认缴的出资额对公司承担有限责任，公司以其全部资产对其债务承担责任。作为投资者的个人股东以其出资额占企业实收资本的比例获取相应的股权收入。作为企业法人，企业的利润应缴纳企业所得税。当投资者从企业分得股利时，按股息、红利所得缴纳 20% 的个人所得税。这样，投资者取得的股利所得就承担了双重税负。

由于单个投资者享有的权益只占企业全部权益的一部分，其承担的责任也只占企业全部责任的一部分。但是，因其取得的收益是部分收益，企业缴纳的所得税税负个人投资者也按出资比例承担。

例如：个人投资者占私营企业出资额的 50%，企业税前所得为 12 万元，所得税税率为 33%，应纳企业所得税 120000×33%＝39600 元，税后所得为 120000－39600＝80400 元，个人投资者从企业分得股利为 80400×50%＝40200 元。股息、红利所得按 20% 的税率缴纳个人所得税，这样投资者缴纳的个人所得税为 40200×20%＝8040 元，税后收入为 40200－8040＝32160 元，实际税负为（39600×50%＋8040）÷（120000×50%）×100%＝46.4%。

4. 合伙企业的税负

合伙企业是指依照合伙企业法在中国境内设立的，由各合伙人订立合伙协议，共同出资、合伙经营、共享收益、共担风险，并对合伙企业债务承担无限连带责任的营利性组织。在合伙企业中合伙损益由合伙人依照合伙协议约定的比例分配和分担。合伙企业成立后，各投资人获取收益和承担责任的比例就已确定。和个人独资企业一样，从2000年1月1日起，对合伙企业停止征收企业所得税，各合伙人的投资所得，比照个体工商户的生产、经营所得征收个人所得税。但是由于合伙企业都有两个及两个以上的合伙人，而每个合伙人仅就其获得的收益缴纳个人所得税。

例如，某合伙企业有5个合伙人，各合伙人的出资比例均为20%。本年度的生产经营所得为30万元，由各合伙人按出资比例均分。这样每个合伙人应纳的个人所得税为300000×20%×35%－6750（个人所得税速算扣除数）=14250元，税后收入为60000－14250=45750元。合伙企业每个合伙人的实际税负为23.75%（14250÷60000×100%）。

在上述几种投资方式中，通常而言，在收入相同的情况下，个体工商户、个人独资企业、合伙企业的税负是一样的，私营企业的税负最重。但个人独资企业、合伙企业、私营企业等三种形式的企业，是法人单位，在发票的申购、纳税人的认定等方面占有优势，比较容易开展业务，经营的范围比较广，并且可以享受国家的一些税收优惠政策。

在三种企业形式中，私营企业以有限责任公司的形式出现，只承担有限责任，风险相对较小；个人独资企业和合伙企业由于要承担无限责任，风险较大。特别是个人独资企业还存在增值税，一般纳税人认定等相关法规不健全不易操作的现象，加剧了这类企业的风险。而合伙企业由于多方共同兴办企业，在资金的筹集等方面存在优势，承担的风险也相对较少。相对于有限责任公司而言，较低的税负有利于个人独资企业、合伙企业的发展。个人投资者在制定投资计划时，应充分考虑各方面的因素，选择最优投资方案。

理财宝典»

投资理财，要了解与此有关的税务常识，这样，你就可以在投资运作中合理避税，以最小的支出收获最大的利益。

复利原理——时间就是金钱

在存款和借贷利息上，有两种计利方式，一种是“复利”一种是“单利”，它们之间的差异在于计算利息的方式不同：复利不仅计算最初投入的本金的利息，还包括利滚利。单利仅仅是对最初的本金计算利息。复利如果年限越长，收益率越高，那么复利的效果就越明显。

如果把60万元按年利率10%投资复利式金融产品，2年后可以得到如下结果：

1年后利息：60万×10% =6万

2年后利息：（60万+6万）×10% =6.6万

投资结果：60万+6万+6.6万=72.6万

如果把60万按年利率10%投资单利式金融产品，2年后的情况却有些不同：

1年后利息：60万×10% =6万

2年后利息：60万×10% =6万

投资结果：60万+6万+6万=72万

关于对复利得利的理解，有一个古老的故事，可以给我们一些提示：从前，有一个非常爱下棋的国王，他棋艺高超，从未碰到过敌手。于是，他下了一道诏书，诏书中说无论是谁，只要击败他，国王就会答应他任何一个要求。

一天，一个学者模样的人来到皇宫要求与国王下棋，并最终赢了国王。国王问这个人要什么样的奖赏，这个人说他只有一个小小的请求，就是要一些麦粒，数量的要求是在棋盘的第一个格子中放上一粒麦子，在第二个格子中再放进前一个格子的一倍，依此重复向后类推，一直将棋盘每一个格子摆满。

国王觉得很容易就可以满足他的要求，于是就同意了。但很快国王就发现，即使将国库里所有的粮食都给他，也不够其要求的百分之一。因为即使一粒麦子只有0.1克重，也需要数十万亿吨的麦子才够。尽管从表面上看，这个人的起点十分低，从一粒麦子开始，但是经过很多次的乘积，就迅速变成庞大的数字。

如果我们知道了复利投资的有利性，就要确立一种意识，那就是在投资储蓄、基金等金融产品时，要亲自计算复利投资收益率，做到明明白白投资。其实，世界上许多大师级的投资者都把复利原理用到了极致。股神沃伦·巴菲特就是最为典型的一个。

沃伦·巴菲特认为，长期持有具有竞争优势的企业的股票，将给价值投资者带来巨大的财富。其关键在于投资者未兑现的企业股票收益通过复利产生了巨大的长期增值。

投资具有长期竞争优势的企业，投资者所需要做的就是长期持有，并耐心地等待股价随着企业的发展而上涨。具有持续竞争优势的企业具有超额价值的创造能力，其内在价值将持续稳定地增加，相应地，其股价也将逐步上升。最终，复利累进的巨大数值，将会为投资者带来巨额财富。比如，有人曾在1914年以2700美元买了100股IBM公司的股票，并一直持有到1977年，100股增为72798股，市值增到2000万美元以上，63年间投资增值了7407倍。按复利计算，IBM公司63年间的年均增长率仅为15.2%，这个看上去平淡无奇的增长率，由于保持了63年之久，在时间之神的帮助下，最终为超长线投资者带来了难以置信的财富。

在复利原理中，时间和回报率正是复利原理“车之两轮、鸟之两翼”，这两个因素缺一不可。时间的长短将对最终的价值数量产生巨大的影响，时间越长，复利产生的价值增值就越多。

投资1万元资金，按照不同的年限和不同的回报率计算，其收益水平将呈几何级数增长：

如果年回报率是10%，那么，投资5年，1万元增加到1.61万元；

投资10年，增加到2.60万元……投资50年，就增加到117万元。

如果回报率是30%，那么，投资5年，1万元增加到了3.71万元，投资10年，增加到13.78万元……投资50年，就增加为497 929万元。

资金的时间价值：不同时间发生的等额资金在价值上差别称为资金的时间价值。

按照复利原理计算的价值成长投资的回报非常可观，如果我们坚持按照成长投资模式去挑选、投资股票，那么，这种丰厚的投资回报并非遥不可及，我们的投资收益就会像滚雪球一样越滚越大。现在小投资，将来大收益，这就是复利的神奇魔力。

理财宝典»

如果你已经明白了复利投资的重要性，就要养成一种习惯，那就是在投资储蓄、基金等金融产品时，要亲自计算复利投资收益率，做到明明白白投资。

杠杆原理——运用财务杠杆带来大收益

杠杆原理亦称“杠杆平衡条件”。它是由著名的科学家，浮力定律的发现者阿基米德发现的，它的内容是：

所谓的财务杠杆是对物理学上杠杆原理的引申运用，主要是指利用很小的资金获得很大的收益。我们以投资服装生意来说明杠杆的应用。假如你有1000元钱就可以做1000元钱的生意了，进货买入1000元的衣服可以卖出1400元，自己赚了400元，这就是自己的钱赚的钱，就是那1000元本钱带来的利润。这是没有杠杆作用的。从银行贷款是要给银行利息的，这个道理都知道。利息就是你从银行拿钱出来使用的成本。这等于是你用利息买来银行的钱的使用权，使用后你还是要还给银行的。如果你看准做服装的生意肯定是赚钱的，可以从银行贷款10万元，使用1个星期，假如利息正好是1000元。这等于你用原来做衣服的本钱1000元买了银行10万的使用权，用这10万元买了衣服，卖出后得到14万元。你自己就赚了4万元。这就是用自己的1000元撬动了10万的力量，用10万的力量赚了4万的钱。这就是一个杠杆的例子。

杠杆常常用“倍”来表示大小。如果你有100元，投资1000元的生意，这就是10倍的杠杆。如果你有100元可以投资10000元的生意，这就是100倍的杠杆。例如做外汇保证金交易的时候，就是充分地使用了杠杆，这种杠杆从10倍、50倍、100倍、200倍、400倍的都有。最大可以使用400倍的杠杆，等于把你自己的本钱放大400倍来使用，有1万就相当于有400万元，可以做400万元的生意了。这是一项多么值得利用的条件！

还有我们买房子时的按揭，也是使用了杠杆原理。绝大多数人买房子，都不是一笔付清的。如果你买一幢100万的房子，首付是20%，你就用了5倍的杠杆。如果房价增值10%的话，你的投资回报就是50%。那如果你的首付是10%的话，杠杆就变成10倍。如果房价涨10%，你的投资回报就是一倍！可见，用杠杆赚钱来得快。

但是，凡事有一利就有一弊，杠杆也不例外。杠杆可以把回报放大，它也可以把损失放大。同样用那100万元的房子做例子，如果房价跌了10%，那么5倍的杠杆损失就是50%，10倍的杠杆损失，就是你的本钱尽失，全军覆没。例如美国发生的次贷危机，其主要原因就是以前使用的杠杆的倍数太大。

在股票、房价疯涨的时候，许多人恨不得把杠杆能用到100倍以上，这样才能回报快，一本万利；而当股票、房价大幅下跌的时候，杠杆的放大效应迫使很多人把股票和房子以低价卖出。而当人们把股票和房子低价卖出时，则造成了更多的家庭资不抵债，被迫将资产以更低价出售，从而造成恶性循环，导致严重的经济危机。

总之，我们在使用财务杠杆之前有一个更重要的核心要把握住：那就是成功与失败的概率是多大。要是赚钱的概率比较大，就可以用很大的杠杆，因为这样赚钱快。如果失败的概率比较大，那根本就不能做，做了就是意味着失败。

理财宝典»»

杠杆可以把回报放大，同时也可以把损失放大，利用资金杠杆要慎之又慎。

二八定律
——投资市场上总是少数人赚钱，多数人赔钱

二八定律也叫巴莱多定律，是 19 世纪末 20 世纪初意大利经济学家巴莱多发现的。这一规律表明：在任何一组东西中，最重要的只占其中一小部分，约 20%，其余 80% 的尽管是多数，却是次要的，因此又称二八法则。

二八定律是可证的，而且不断地被实践所证明。

近年在管理学范畴有一个著名的 80/20 定律，它表明：通常一个企业 80% 的利润来自它 20% 的项目；20% 的人手里掌握着 80% 的财富。有这样两种人，第一种占了 80%，拥有 20% 的财富；第二种只占 20%，却掌握 80% 的财富。为什么呢？原来，第一种人每天只会盯着老板的口袋，总希望老板能给他们多一点钱，而将自己的一生租给了第二种 20% 的人；第二种人则不同，他们除了做好手边的工作外，还会用另一只眼睛关注正在多变的世界，他们明白什么时间该做什么事，于是第一种 80% 的人都在替他们打工。其实，这一定律不过是二八定律的翻版而已。

今天，人们惊奇地发现，“二八法则”几乎适用于生活的方方面面，如股票市场80%的人赔钱，只有20%的人赚钱。从理财角度来说，它有两层含义：首先，在家庭理财上，投资的金融品种不必面面俱到，应抓住关键的少数重点突破；其次，对于一个理财产品不仅要看到收益，更要看到收益背后的风险补偿。

现代市场瞬息万变，能够把握一种流行趋势实属不易。所以，这就要求我们在做出任何一项理财决策之前，必须仔细研究分析市场，既要能赶上潮流，又要超前于潮流。因为，人们的需求在不断地变化，市场也在不断地变化，今天畅销的产品，也许明天就无人问津了。把握市场变化就像跳舞一样，快于节奏或慢于节奏都不行。

日本有一位商人，就是运用“二八原理”，在钻石生意上获得了意想不到的成功。

钻石，是一种高级奢侈品，它主要是高收入阶层的专用消费品，一般收入的人是购买不起的。而从一般国家的统计数字来看，拥有巨大财富，居于高收入阶层的人数比一般人数要少得多。因此，人们都存在这么一个观念：消费者少，利润肯定不高。绝大多数人都不会想到，居于高收入阶层的少数人却持有多数的金钱。换句话说，一般大众和高收入人数的比例为78：22。但他们拥有的财富比例却要倒过来22:78。这个日本商人正是看中了这点，他把钻石生意的眼光投向了这些只占人口比例“22”的有钱人的身上，一举取得了巨额的利润。

20世纪60年代末的某个冬天，这位商人就抓住时机开始寻找钻石市场。他来到东京的S百货公司，要求借该公司的一席之地推销他的钻石，但该公司根本就不理他，断然拒绝了他的这个请求。

但他丝毫都没有气馁，仍坚持用“二八原理”来说服S公司，最后，终于取得S公司郊区的M店。M店远离闹市，顾客极少，生意很不好，但这位商人对此并不过分担忧。钻石毕竟是高级的奢侈品，是少数有钱人的消费品，生意的着眼点首先得抓住财主，不能让他们漏网，以赚取占钱将近“80”的人的钱。当时，S公司曾不满意地说：“钻石生意一天最多能卖2000万日元，就算是很不错了。”

该商人立即反驳说：“不，我可卖到2亿日元给你们看。”

这在当时的商人看来，无疑是狂人的说法了。但这个日本商人却胸有成竹地说出了这番话，无疑是源于他自己对“二八原理”的信心。

之后不长时间，这个商人的生意就红火起来。他先是在M店取得日销6000万日元的业绩，大大突破了一般人认为的500万日元的效益估量。

到了1971年的2月，钻石商的销售额突破了3亿日元，他实现了曾许下的诺言。

他的钻石生意成功了，奥秘究竟在哪里呢？就在于“二八原理”。

当然，对于任何一种理财产品，都存在利率风险、通货膨胀风险、流动风险和信用风险等。理财产品的收益率，实际上应该等于无风险收益加上风险补偿，投资者可以将银行活期利率视为无风险收益。从这个意义上来看，要获得比市场高20%的收益，投资者将付出比一般银行储蓄多80%的风险。比如说银行一年期利率高于活期利率，就是对于流动性风险的补偿。

了解了这个原理，投资者在选择日常理财产品时，就应对高收益品种保持一份谨慎，特别是那些不符合目前规定的理财品种，其高收益的背后，是对于信用风险的补偿。收益越高，代表了其发生信用危机的可能性就越大，这种信用风险实际上就是转嫁了处罚它的违规成本。

对于各大金融机构推出的保本理财，投资者也应有新认识。目前市场上一些保本理财品种基本上都需要封闭一段时间，投资者其实要面临利率风险、通货膨胀风险、流动风险等，到头来，投资者所获得的收益，可能会比银行活期利率还少。从这个意义上说，仅仅希望本金不损失，投资者可能不仅没获得收益，反而会赔钱。

理财宝典»»

理财作为一种用钱赚钱的手段，如果投资者有心尝试的话，请牢记“二八定律”，即：投资者一定争取到只有20%的人才能得到的收益。

安全边际——赔钱的概率越小越安全

价值投资中有两个最基本的概念：安全边际和成长性。其中安全边际是比较难把握的。这也很正常，因为如果人们学会了确定安全边际，短期虽然难免损失，但长期来看，应该是不赔钱的。这样好的法宝，当然不容易掌握。

那么，什么是安全边际？为什么要有安全边际这个概念呢？

安全边际顾名思义就是股价安全的界限。这个概念是由证券投资之父本杰明·格雷厄姆提出来的。作为价值投资的核心概念，安全边际在整个价值投资领域中处于至高无上的地位。它的定义非常简单而朴素：内在价值与价格的差额，换一种更通俗的说法就是价值与价格相比被低估的程度或幅度。格雷厄姆认为：值得买入的偏离幅度必须使买入是安全的。最佳的买点是即使不上涨，买入后也不会出现亏损。格雷厄姆把具有买入后即使不涨也不会亏损的买入价格与价值的偏差称为安全边际。格雷厄姆给出的是一个原则，这个原则的核心是即使不挣钱也不能赔钱。同时安全边际越大越好，安全边际越大获利空间就会自然提高。

安全边际不保证能避免损失，但能保证获利的机会比损失的机会更多。巴菲特指出：“我们的股票投资策略持续有效的前提是，我们可以用具有吸引力的价格买到有吸引力的股票。对投资人来说，买入一家优秀公司的股票时支付过高的价格，将抵消这家绩优企业未来10年所创造的价值。”这就是说，忽视安全边际即使买入优秀企业的股票也会因买价过高而难以赢利。

对于投资者来说，不能忽视安全边际。但什么样的情况下股票就达到安全边际，股价就安全了呢？以投资猪肉生意举个例：猪肉15元一斤，你投资多少钱购买是达到安全边际呢？你要分析一下猪肉的实际价值。从养猪、饲料、税费、运输成本折算一下的话，可能是10元钱一斤，那么这个10元钱就是猪肉的价值。什么是安全边际呢？就是把价值再打个折，就能够获得安全边际了。例如，你花了9元钱买了一斤猪肉，你就拥有了10%的安全边际，你花了8元钱买了一斤猪肉，那你就拥有了20%的安全边际。

所以，安全边际就是一个相对于价值的折扣，而不是一个固定值。我们只能说，当股价低于内在价值的时候就有了安全边际，至于安全边际是大还是小，就看折扣的大小了。

为什么要有安全边际呢？曾有人打了一个很好的比方，如果一座桥，能够允许载重4吨，我们就只允许载重两吨的车辆通过，显然这个两吨就是安全边际。这样，就给安全留出了余地，就内因而言，如果我们设计或施工中有一些问题，那么这个两吨的规定可能还会保障安全；就外因而言，万一有个地震或地质变化什么的，两吨可能保障不出事儿。

股价的安全边际也是如此，就内因而言，我们可能对一个企业的分析有错误，那么安全边际保障我们错得不太离谱；就外因而言，一个企业可能会出现问题，会在经营中进入歧途，那么在我们察觉到的时候，可能还吃亏不大。因为我们的选择有安全边际，说白了，就是股价够便宜，给我们留出了犯错误和改正错误的空间。

当然，安全边际不仅让我们赔得少，而且让我们赚得多。很简单，因为买价低。比如说，一只股票的股价从2元上涨到12元，内在价值是4元，2元则有了很大的安全边际。巴菲特在2元买，一般价值投资者在4元的价值线买入，技术分析家则根据趋势在6元买入，结果是巴菲特赚了5倍，一般价值投资者赚了2倍，技术分析家赚了1倍，这是个还算不错的结果。如果股价从2元上涨到6元，巴菲特赚2倍，一般价值投资者赚50%，技术分析家还可能赔钱。

或许，有人会说，大盘涨起来的时候都没有安全边际了；但问题是，在市场极度低迷的时候，很多有很大安全边际的股票却根本无人问津。

话说回来，安全边际能不能保障股价就安全了？未必。最大的安全边际是成长性。比如说一个生产寻呼机的企业只有5倍市盈率，不高吧？可是现在连寻呼台都找不到了，安全就是笑话。可见，只有在具有成长性的前提下，安全边际才有意义。

关于安全边际的理解其实非常容易，但是怎么判断安全边际或者什么时候才真正到了跌无可跌的时候是非常困难的。还有就是安全边际迟迟不来怎么办等等。根据格雷厄姆的原意就是“等待”。在他眼里，人一生的投资过程中，不希望也不需要每天都去做交易，很多时候我们会手持现金，耐心等待。由于市场交易群体的无理性，在不确定的时间段内，比如3至5年的周期里，总会等到一个完美的高安全边际的时刻。换句话说，市场的无效性总会带来价值低估的机会，那么这个时候就是你出手的时候。就如非洲草原的狮子，它在没有猎物的时候更多的是在草丛中慢慢地等，很有耐心地观察周围情况直到猎物进入伏击范围才迅疾出击。如果你的投资组合里累积了很多次这样的投资成果，从长期看，你一定会取得远远超出市场回报的机会。所以安全边际的核心就在把握风险和收益的关系。

其实，对安全边际的掌握更多是一种生存的艺术。投资如行军打仗，首先确保不被敌人消灭掉是作战的第一要素，否则一切都将无从谈起。这一点在牛市氛围中，在泡沫化严重的市场里，显得尤为重要。

理财宝典›››

理财的原则是：管理好自己的钱财，对此，我们可以借用股市方面的概念安全边际来理解，就是在理财上要达到最低界线，不挣钱但绝不损失钱。

洼地效应
——更安全的投资区域更容易吸引资金的流入

所谓的洼地效应是指：在经济发展过程中，人们把“水往低处流”这种自然现象引申为一个新的经济概念，叫“洼地效应”。从经济学理论上讲，“洼地效应”就是利用比较优势，创造理想的经济和社会人文环境，使之对各类生产要素具有更强的吸引力，从而形成独特竞争优势，吸引外来资源向本地区汇聚、流动，弥补本地资源结构上的缺陷，促进本地区经济和社会的快速发展。简单地说，指一个区域与其他区域相比，环境质量更高，对各类生产要素具有更强的吸引力，从而形成独特竞争优势。

例如房地产。当房地产围合一个湖泊中心发展之时，便形成了自湖心向四周土地递减的级差地租，大致出现“近贵远贱”的圈层分布，这其实就围合出湖心的价值洼地。一旦因某种特殊原因填湖开发，那么，湖心洼地的地价和房价就会突然井喷，创下区域地产的最大价值，甚至引发周边地产的价值飙升，即产生了洼地效应。当然在房地产实际开发中，所谓的洼地不一定就是湖心区，也可能是市政中心、城市广场或历史建筑区等等对于区域价值有提升作用的区域。

“洼地效应”是近两年比较流行的词，在经济学的财经分析中我们常会看到。比如，中国市场的巨大投资潜力和发展空间，吸引到越来越多的国际投资者的目光，使外资投入持续增加，这样就说中国在全球经济中产生了洼地效应；也可以形容江浙一带对人才的吸引，说其民间资本的持续发展产生了洼地效应；而当解释蓝筹股在弱市中的井喷行情时，就会比较其动态市盈率和平均市盈率，说其产生了价值洼地。

对于投资者来说，“洼地效应”的概念好理解，但如何才能在股票市场上找到真正的“洼地”，获得投资的巨大收益呢？

一是如果发现有做实体产业，每股业绩高达1元以上，而且其产业方向和经营业绩基本能处于长期稳定，在经济危机中不但没遭受重创，还能迅速翻身挺过来的公司股票，则是属于“洼地”的投资目标。

二是遭受长期冷落，但关乎国计民生的股票。例如属于人民大众最重要的吃饭问题的粮食和农业概念股，是可以而且必须持续发展的永恒产业，如果其业绩和发展预期良好，而且没有被爆炒过，则属于价值洼地，非常具有投资价值。

三是关注那些属于国家规划扶持发展，真正生产与科研结合，有能力、有规模和实力做新能源产业的，必然在不远的将来影响到后续人类的生产、生活方式，无论现在起始阶段多么迷茫，或是股价或已被炒得很高，但只要是符合全球人类革新方向的，就还值得长远投资布局，不过可能得有一定耐心。

理财宝典›››

对于要通过投资理财来赚取更高收益者来说，寻取“洼地效应”来投资应该是首选。

不可预测性——投资市场是在时刻变化着的

投资市场的不可预测性是指证券市场是一个复杂的动态系统，由于其内部因素相互作用的复杂性以及影响它的许多外部因素的难处理性，使得其运行规律难以被掌握。然而在具体的投资过程中，好多人最喜欢做的事却是去预测，或者是鼓动别人去预测。这是投资者对市场缺乏了解的表现。其实，从来没有人能正确预测出无论是大盘还是个股的具体点位或价位，即使有人判断出了它的大致的走势趋势那也纯属偶然。

那些著名的投资大师，他们更多的是关注股票本身，以及大的趋势，而是很少花心思去预测股市的短期变化。例如，有股神之称的沃伦·巴菲特和美国最成功的基金经理彼得·林奇就告诫投资者：永远不要预测股市。因为，没有人能预测股市的短期走势，更不可能预测到具体的点位。即使有一次预测对了，那也是运气，是偶然现象，而不会是常态。

巴菲特说："我从来没有见过能够预测市场走势的人。""分析市场的运作与试图预测市场是两码事，了解这点很重要。我们已经接近了解市场行为的边缘了，但我们还不具备任何预测市场的能力。复杂适应性系统带给我们的教训是，市场是在不断变化的，它顽固地拒绝被预测。"预测在投资中是一种想像，不在掌握的知识之内。事实上，人的贪欲、恐惧和愚蠢是可以预测的，但其后果却是不堪设想。在巴菲特看来，投资者经历的就是两种情况：上涨或下跌。关键是你必须要利用市场，而不是被市场所利用，千万不要让市场误导你采取错误的行动。

其实，只要我们仔细想想，就知道那些所谓的预测的不可靠性。如果那些活跃的股市和经济预测专家能够连续预测成功的话，他们早就成了大富翁，还用得着到处奔波搞预测吗？

即使那些投资市场上的大型机构，也无法准确预测股市的短期走势。例如，在中国市场上，近年来机构对上证指数最高点位的预测就屡屡失算。2005 年年末各大券商机构对 2006 年的预测，1500 点已是最高目标位的顶部了，当时有个别专家分析股改大势后提出，1300 点将成为历史性底部时，不少分析人员还嗤之以鼻。但事实上，2006 年却是以 2675 点最高点位收盘。到了 2006 年年末，绝大多数机构对 2007 年上证指数的预测都远远低于 4000 点，而实际上 2007 年以来，将近半年以上时间都是在 4000 点上方运行，到 10 月份上证指数还一度达到 6124

点的高位。随后股市大跌，有好多人预测4000点是政策底，绝不会跌破，结果股指最终跌破了2000点。还有，很多人预测2008年奥运会时会有一波大行情，可是最终的结果却是，不但奥运会前夕股市表现很弱。而且，就在奥运会开幕当天，股市开始了向下破位。在奥运会进行的那些天，股市一路向下。预期中的奥运行情没有出现，留下的是黑色梦魇。由此可见，对于具体点位的预测常常是“失算”的时候多于“胜算”。

虽然，股市的具体点位是无法准确预测的，但大的趋势还是可以判断的。其实，彼得·林奇的“鸡尾酒会”理论是一个寻找股市规律的有效工具。

在鸡尾酒聚会上，不同职业不同阶层的人们彼此相识，聊天。彼得·林奇从参加鸡尾酒会的经历上，总结出了判断股市走势的四个阶段：

第一阶段，当彼得·林奇在介绍自己是基金经理时，人们只与他碰杯致意，就漠不关心地走开了。他们更多的是围绕在牙医周围，询问自己的牙疼病，或者宁愿谈论明星的绯闻，没有一个人会谈论股票。彼得·林奇认为，当人们宁愿谈论牙病也不谈论股票时，股市应该已经探底，不会再有大的下跌空间。

第二阶段，当彼得·林奇在介绍自己是基金经理时，人们会简短地与他聊上几句股票，抱怨一下股市的低迷，接着还是走开了，继续关心自己的牙病和明星的绯闻。彼得·林奇认为，当人们只愿意闲聊两句股票而不是更关心自己的牙齿时，股市即将开始抄底反弹。

第三阶段，当人们在得知彼得·林奇是基金经理时，纷纷围过来询问该买哪一只股票，哪只股票能赚钱，股市走势将会如何，而再没有人关心明星绯闻或者牙齿。彼得·林奇认为，当人们都来询问基金经理买哪只股票好时，股市应该已经到达阶段性高点。

第四阶段，人们在酒会上大谈特谈股票，并且很多人都主动向彼得·林奇推荐股票，告诉他去买哪只股票，哪只股票会涨。彼得·林奇认为，当人们不再询问该买哪只股票，而是反而主动告诉基金经理买哪只股票好时，股市很可能已经到达顶部了，大盘即将开始下跌震荡。

我们建议：如果有预测股市走势的朋友不如改为研究研究林奇的“鸡尾酒会”理论来的实惠。

理财宝典»»

如果你决定投资股票生意，眼前要做的是：如何运作，而不是去对股市进行预测。实践证明，无论是短期还是长期的股市走势都是不可预测的。

危机预防：工薪族理财应警惕的投资陷阱

理财活动能给人带来收益已是不争的事实，正因为如此，有些工薪族朋友求财心切就很容易头脑发热，很轻率地做出一些欠分析欠理智的投资抉择而掉进财务陷阱，导致财富不能增加，甚至还损失了部分金钱，这当然是工薪族所不能承受之重，应予以足够的重视。

如何正确评价投资回报

美国著名基金经理彼得·林奇在执掌麦哲伦基金的 13 年间，创造了累积收益率 2700%，年均福利收益率 28.9% 的惊人成绩。但投资麦哲伦基金的人当中，有一半的人却损失惨重。这是因为这些人都是在基金收益率高的时候投资，一旦看到收益率下跌就把钱撤回。可见，在判断投资回报时，不能只看表面现象，要有专业的头脑。

在预估和计算投资回报的时候，应该用百分比计算还是用实际金额计算？哪一种方式更能反映资金的使用效用？

不同投资需要的本金数额不同，投资股票的本金要求大于投资邮票，投资房产的本金要求又远远大于投资股票。在预估报酬的时候，通常有两种计算方式，一种是报酬额，就是以绝对数额表示的金额；一种是回报率，就是用相对值表示的比率报酬数额/本金数额。用这两种方式评估出来的结果是不同的，有时甚至截然相反。

我们来看个例子。假如有两个投资方案，甲方案投资 1 万元，一年后预计可获得 1000 元，回报率是 10%；乙方案投资 5 万元，一年后预计可获得 2000 元，回报率为 4%。假定两者的投资风险没有差别，你会选择哪一个方案呢？

从绝对额上看，乙方案优于甲方案 2000 > 1000；从相对值来看，甲方案优于乙方案 10% >4%。我们的建议是，如果两个方案是相互排斥的，即选择了此就不能选择彼，二者只能取其一的话，就应选择乙方案，因为在计算报酬的时候，早已把资金成本考虑了进去；如果两个方案是独立的，即选择了此并不排斥彼的话，就应优先选择甲方案，因为甲方案的回报率高于乙方案。

换句话来说，如果你的资金充裕的话，你可以优先选择回报率高的投资；如果你的资金只够投资一种资产的话，选择绝对额高的投资更能充分发挥资金的增值作用。当然，我们事先已假定风险是一样的，计算报酬时是以净值而不是以总值计算。

理财宝典»»

如果投资者资金雄厚，应该选回报率高的项目，如果资金有限，则宜选择绝对额高的投资。

不做守财奴，存钱≠理财

虽然我们说到了储蓄的种种好处，但是仅仅有储蓄还是不够的，只存钱并算不上是真正的理财，理财是让自己的钱衍生出更多的钱，只存在银行里的钱是不能为你带来财富的大量累积和快速增加的，只是为你的投资积累一个原始资金而已。

也许长时间的存款会为你带来金钱在量上的一定增加，但是，你干守着自己的固定收入是永远不能够体会到理财的乐趣的，也永远不会尝到理财的甜果。

特别是对普通的工薪阶层一族来说，在勇气上的缺乏很容易导致自己苦苦守财，不敢用自己积累的资金去“搏”一把。其实在现代大都市里，守财的职业人是多数人，他们目前还拿着微薄的薪水和家人过着清苦的生活，希望有朝一日能够在大城市里立足，于是对每一笔钱都小心翼翼，不敢买这个，也不敢买那个，过着畏畏缩缩的生活。

但是一个人要独立，要活得精彩就不能仅仅是单纯的守财，相比之下。理财会更加重要。在某报纸上有这样一则报道。

“月收入9000元，年底存款90000元！”近日南京一对80后夫妻在网上晒出存钱大法后，引来网友围观。专家表示，理财应该是既会存钱也会花钱。

据帖子内容，两人日常支出安排：晚上去超市抢购打折食品留作次日早饭。如此一月至多花180元；午饭在单位蹭食堂；晚饭，每月有15天应酬或加班。

综上，每月饭钱不到200元；交通主要靠电动车；电话费、水、电等150元。合计每月花费700元。每年非固定支出上，老人过节礼6000元、旅游费4000元、人情和零花钱4000元、添置衣物4000元、紧急备用5000元，总计不超过25000元。

综上，扣除每月固定开支，加上过年过节奖金等，收入合计11.5万元。再减去上述25000元，一年存9万元绰绰有余。

对于这样的存钱方式，有理财专家指出是不科学的，不是增加财富最快最好的方法。理财应该是既会存钱也会花钱，相对于为了存钱而存钱而言，合理配置已有的资产、做好理财规划才是上策。

这对夫妻可以说收入稳定，存钱能力强，目前更应该考虑的是更为积极的理财方案，在存款、基金、股票以及保险方面做出合理的资产配置，以获得保障，增加收益。

也许随着时间的推移，你能为自己积累资金，但是你无法预测经济的走向，也无法控制货币的贬值还是升值，只有尽可能让自己的存款额多起来，才能使自己在遇到经济危机的时候有喘息的能力，化险为夷。

既然是喜欢在银行存钱，就可以先从银行的理财产品开始你的理财之路。必须明确这一点，虽然银行的理财产品相对于股票、基金来说，显得更为保守稳健，但是它是一种金融投资产品，并不是储蓄存款。

因为银行理财产品是属于投资的范畴，所以风险肯定是有的，而且这种风险是由购买者承担的，这和银行的存款储蓄是有着质的区别的，是一种理财。

在购买银行的投资产品的时候要把握好自己的资产，认真阅读银行理财产品的说明书，避免给自己带来本可以避免的风险。另外购买理财产品当日并不是起息日的开始，在产品的条款中一定要看清楚自己的募集日和起息日，这样才能保证资产在起息日前进行合理利用。

可见，这样需要专业知识和细心程度要求高的理财产品投资是和储蓄那种不用费神费心的方法有着很大的区别的。

现今社会，赚钱的机遇很多，普通人利用自己的存款进行投资获得回报的几率也很大。作为已经有了一定量存款的人来说，特别是对习惯守钱的人来说，最好不要沦为守财奴。在这样一个获利预期很大的市场环境中肯付出一些机会成本，加大个人资金的流动性，购买一些理财产品或者进行一些投资还是很有必要的。

首先，要重新审视自己账户里的钱。看看自己的钱是投资赚来的多，还是工资积累的多，如果是后者的话，你就要注意是不是能够为自己开设一个投资的项目，尝试投资理财的方法。如果是前者的话，也可以考虑自己目前的投资方式和方向的收益如何，有没有更换理财方式的必要。再者，你可以观察自己周围的人，有哪些人虽然挣着和你相同的工资却比你过得更好，从而反思自己的赚钱方式以及向别人请教理财经验。

其次，如果自己没有进行投资的勇气，最好先拿出自己存款的很小一部分，这个比例控制在10%之内，这样就算你的第一次投资理财失败，你也不会有太大的损失。但是即使你在第一次的时候遭受了损失，也千万不能因此就心灰意冷，你可以向有经验的人请教或者更换一种投资项目试试。

理财宝典»»

储蓄存钱固然重要，这是为自己积累原始资金的最保险的方法，但是固守定额的钱就是笨人的赚钱之道了，要知道守财并不是理财，得先把钱“花”出去，让它为你带更多的钱回来。

理财是耐力长跑，勿盲目跟风

理财是一场长跑竞赛，应朝长期着眼，虽然正确理财是一项只赚不赔的买卖，但如你操作不当，很容易将理财绝对混同于投资，而盲目跟风也会因理解错误而导致失败。

跟风者大多面对突然流行起某样东西时，自己没有或缺少主见，不经过仔细思考，盲目跟随潮流参与、模仿。这是价值观的一种迷失。比如唐玄宗李隆基喜好杨贵妃的丰腴之美，丰腴就成了当时的流行、时髦。于是举国上下的女子皆为这种美而增肥，而男人也效仿皇帝，以选中丰腴的女子为妻、为妾而自豪。目前社会上有许多跟风现象：炒股买基金跟风、买房子跟风，异地求学跟风、出国求学跟风，小孩上兴趣班跟风，学生上名校跟风，到商场排队买东西跟风。

其实跟风传统由来已久，这不仅让人想起一个笑话：

一个人在广场仰头看天。另一个人过来看到，也仰面观看。接着陆续有人加入其中。不多时，广场上黑压压一片人都在仰着脸往天上看。久了，最先发现有人看天的那个人实在忍不住了，就问旁边的人：“你在看什么？”旁边的人依旧仰着脸，回答道：“我没看什么啊，我的鼻子出血了。”于是人们在尴尬中愤然作鸟兽散，甚至觉得自己受到了欺骗。其实谁都没骗你，怪只怪你的盲目跟从。

当然，这仅仅是一个笑话，可这恰恰反映了某些人的心理，现实的情况似乎比这个笑话要复杂得多。随着中国经济的繁荣，各个行业都得到了快速发展，理财产品也不例外。除了传统的储蓄等金融服务项目外，面对市场上名目繁多的理财项目和产品，我们应该如何挑选呢？因为只要是投资，就会有风险，只是风险的大小不同罢了。还是需要我们掌握一定的理财知识，根据自己的情况来进行选择。

在我们周围，有的人看到别人投资某个项目赚了钱，就抱着“别人能赚钱，我也能赚钱”的心态去投资，结果不赚反赔。这是因为这些人根本不了解所投资的对象，也没做认真的分析，就像马术比赛，骑师再优秀，马儿不配合也不行。适合别人骑的马不一定适合自己。

西方人这样形容跟风现象：

一个好的发财项目就好比一棵长满果实的大树，树上爬满了想摘果子的猴子。有的已经爬到顶端，有的还在往上爬。上面的猴子往下看，看到的都是笑脸；下面的猴子往上看，满眼都是屁股。

爬到树顶的猴子有好果子自然先吃。一般情况下，它们吃完了要拉，下面的猴子得到的总是上面猴子的屎。

那些还在爬的猴子为了挤上来，得先贴过很多猴子的屁股。能爬多高，取决于它们贴屁股的技巧有多好。最顶层的猴子虽然不用贴其他猴子的屁股，但是，说不定什么时候就会被想取代它的猴子踢着屁股踹下来。

树顶挤不下时，上面的猴子就会用树枝打下面的猴子。猴子们就纷纷往下一层掉，有的猴子就从树上掉下来。这些不幸的猴子获得的补偿，就是从树上被摇下来的果子。

这个故事虽然残酷，却形象地说明了跟风投资的情景。其实有时候，我们既可以爬这棵树，也可以自己再另种一棵树。跟在他人后面拣不到果子。没有主见、人云亦云的人想获得理财的成功几乎是不可能的。

理财就是要放长线，才会有钓到大鱼的机会。但有些性格不太坚定的工薪一族属于容易放弃的一方，虽然说耐性不能以性别来区分，而是由个别的个性所左右。只不过一般来说，这种性格的人坚定性差，难免会因遇到困难而放弃原来的努力，收不到好效果。

19 世纪中叶，美国加州发现了金矿。一时间，大批淘金者蜂拥而至，赶到了加州。当时只有16岁的小农夫默亚利也在其中，加入了这支庞大的淘金队伍。

淘金者越来越多，金子自然也就越来越难淘了。当地地处沙漠，生活艰苦，水源奇缺，致使许多淘金者因此丧生。默亚利也被饥渴折磨得半死。

一天，默亚利看着水袋中那点舍不得喝的水，听着周围人对缺水的抱怨，他突发奇想：既然淘不到金子，还不如卖水呢！

于是，默亚利将手中淘金的工具换成了挖水渠的工具，从远方将河水引入水池，再用沙子过滤，成为可以饮用的清水。接着，他就将水灌进水桶，挑到淘金地一壶一壶地卖给了淘金的人。

当时有人嘲笑默亚利胸无大志："卖水的生意哪里都能做，你何苦跑到这里来呢？千辛万苦来到加州，不就是为了挖金子发大财吗？"

默亚利毫不在意，仍然继续卖水。结果大多数淘金者都空手而归，只有默亚利在很短的时间内赚到了1万美元。这在当时可是一笔巨款，开一家银行也只需2万美元。

人们常犯这样一个通病，那就是干什么都一哄而上，听说养花挣钱，家家都养君子兰；听说养狗挣钱，人人都卖名种犬，动辄几万几十万。结果个人赔钱，整个行业也弄垮了。在大家都在为一个自以为赚钱的目标蜂拥而上时，运用逆向思维，寻找新的目标不失为明智之举。

一个精明的投资者应该善于发现新的商机，做别人想不到或不愿意做的生意。

美国佛罗里达州的小商人皮诺斯，注意到家务繁重的母亲们常常为婴儿换纸尿片时才发现没有备用，因为来不及购买而烦恼。于是他想到要创办一个"打电话送尿片"公司。送货上门本不算什么新鲜事，但没有商店愿意送尿片，因为本小利微。因此皮诺斯精打细算，雇佣那些兼职的大学生，利用最廉价的交通工具——自行车送货。接着，他又把送尿片服务扩展为兼送婴儿药物、玩具和各种婴儿用品食品，随叫随送，只收15%的服务费。结果他的生意越做越兴旺。

跟风，是投资的大忌！所以要想赚钱，就要避免跟风，以市场为导向走自己的路。

理财宝典»»

理财虽然可以让你手里的钱由小变大，但这需要理财技巧。需要因个人经济情况而定，切勿盲从，其实，减少个人钱财的损失，就是在理财。

警惕无所不在的商业诈骗

今天，信息流、物流日益频繁，人们的商业活动也无所不在。职业人在日常生活中时刻受到各种商业诈骗的威胁，一旦遭遇欺诈，个人财务遭到重大损失，必然打乱正常的生活秩序，对此不可不防。

商业诈骗无所不在，形式多样，许多时候防不胜防。远离财务危机，必须警惕各种商业上的骗局。概括起来，日常生活中的商业欺骗主要有下面几种形式：

1. 传播虚假广告

广告是传播信息的重要手段，是连接生产和消费的桥梁。最根本的一点是，广告是公司出资、通过一定的媒介或形式进行自我宣传的工具。显然，广告宣传的目的是唤起人们对某项特定事物的注意，为宣传商品、推销商品服务，诱发消费者购买商品，以增加公司的经济效益和社会效益。

然而，有的朋友在工作、生活中缺乏鉴别力，轻易相信报刊、杂志、广播、电视、网络等大众传媒中的虚假广告，从而上当受骗。今天，各种媒介渠道异常发达，尤其是网络信息铺天盖地，手机广告更是层出不穷。对此，我们要提高警惕，对多种形式的广告仔细甄别，不能因为轻信上当，给自己带来财务上的巨大损失。

2. 商业合同上的圈套

商业合同具备法律效应，因此签订之初务必谨慎。许多人都吃过合同上的亏，那真是苦不堪言。尤其是对商场中的新人来说，为避免在签订合同时上当受骗，在签订合同前应做到以下几点：

（1）了解对方的信用情况。在签订经济合同前对不甚了解的单位要认真了解，不可轻率从事。对异地单位的经济合同签订、付款等手续必须严格按有关规定办理。对于经营范围、公司名称、结算付款单位不相一致的，应及时向工商行政管理机关反映。

（2）了解和签订经济合同的有关法律与政策。双方当事人在签订经济合同时，不仅要依照《经济合同法》，还要依照与签订经济合同直接有关的具体法规，如《建筑安装工程承包合同条例》、《借款合同条例》等。

（3）公司根据需要，要积极推行法律顾问制度，以防止无效经济合同的发生，维护公司的合法权益。

3. 通过证件印章诈骗

今天，社会上各种各样的公司、办事处多了，其中也不乏皮包公司，趁机打着“合法”的法人资格，利用假公章证件进行诈骗。一般来说，要防备这一骗术可从以下方面入手：

（1）每一位公司的老板要消除“崇上”、“畏官”的心理，无论你在多么高身价的公章证件面前，都要保持冷静，使你的思维不至于混乱。

（2）不要过高看待各种证件、介绍信的价值和作用。证件、介绍信只不过是一种“身份自我介绍”，并不能起到证实身份的作用。

（3）不能根据一个证件、片言介绍信就轻易相信陌生人，特别是在决定重大事宜的时候。公司一旦陷入证件印章等诈骗之中后，应立即向公安机关报案。但是，绝不能采取以黑对黑，去用不正常手段进行报复。

总之，假公章、介绍信、工作证、记者证、身份证、名片等为骗子提供了方便的诈骗工具。如果一见“公章”、“证件”就以为是最可信赖的标志了，就放松了警惕，这是不成熟的表现。

理财宝典>>>

人们容易上当受骗，一个重要原因是因为自己太贪婪了。在贪心的驱使下，一个冷静的人也会失去理智，头脑发热，最后犯下愚蠢的错误。由此可见，在诱惑面前不贪不恋，是远离骗局的保证。

投资自己熟悉的行业

任何人创业都需要投入一定的资金，有投入就有风险，因此在创业项目的选择上一定要谨慎。很多人希望能够通过创业来获得较多的财富，于是他们会选择利润较高的项目来投资。但问题是，这个项目是否适合你，你能否把这个项目经营好，否则经营不善，就会有“竹篮打水一场空”的慨叹。

投资大师罗杰斯表示：“当大家一窝蜂投资时，这时肯定有泡沫。”盲目跟风最大的风险，就是容易让创业者忽视投资风险，创业者在评估项目时很容易只看到成功者成功的条件，却无法观察到行业本身存在的固有风险，尤其是当创业者对这个行业完全陌生的时候，这样风险就会更加放大。

因此建议，有志创业的朋友一定要从实际情况出发，充分了解自己，投资自己熟悉的行业，找到自己的兴趣点，创业初期不要过多的考虑收益，要先求得稳定，其次才是扩大规模、发展的阶段。

兴趣是一种强大的力量，它可以使人集中精力去获取知识，创造性地开展工作，一位名人说过“兴趣比天才重要”，谁找到了自己最感兴趣的工作，谁就等于踏上了通向成功的道路。华德·狄斯奈讲过一句话，“你一定要做自己喜欢做的事情，才会有所成就”。做自己喜欢做的事其实是很困难的，大多数人都在做他们讨厌的工作，却又必须逼自己把讨厌的事情做好。这就失去了工作的动力，当遇到事业的瓶颈，就没有办法突破。

就算是名人、成功人士，遇到自己不熟悉、不感兴趣的职业时，往往也是手足无措。

美国作家马克·吐温曾经经商，第一次他从事打字机的投资，因受人欺骗，赔进去19万美元；第二次办出版公司，因为是外行，不懂经营，又赔了10万美元。两次共赔将近30万美元，欠了一屁股债。他的妻子，深知丈夫没有经商的才能，却有文学上的天赋，于是就帮助他鼓起勇气，振作精神，重新走上创作之路。终于，马克·吐温很快摆脱了失败的痛苦，在文学创作上取得了辉煌的成就。

人生的诀窍就是经营自己的长处，这是因为经营自己的长处能给你的人生增值，经营自己的短处会使你的人生贬值。正如富兰克林所说，“宝贝放错了地方就是废物”。

创业者在创业初期，除了需要一种勇于追求的顽强精神，还应该选定自己的创业方向。这是成功的前提，一个正确的方向，会让创业者在创业过程中少走很多的弯路，及时把走弯路的时间都用来创造财富，那才算做是真正的成功。

经营刚上轨道的食品厂张厂长求财心切，马不停蹄地打算上马一些新项目。张厂长喜欢读书看报，知道现在专家们都在讲企业经营要多元化，因此对“多元化”很是痴迷。他决定到一个完全陌生的行业内一试身手——办个服装厂。由于张厂长从来没有搞过服装，对服装行业两眼一抹黑，而他在食品行业积累的经验在服装行业又完全用不上，结果不到1年，张厂长的服装厂就败下阵来，造成了很大的损失。

上例中，由于张厂长对投资项目认识不足，最终导致了失败的结局。一个投资者爱学习、有上进心是好的，但张厂长在学习时却不善于分辨，忘记了对于一个投资新手来说，不熟不做乃是一条普遍法则。初创业就盲目地进入不熟悉的新行业，这会使经营者过去积累的经验不容易发挥，又浪费了时间和宝贵的资金。由此可见，如果不根据市场变化调整策略，拿着钱盲目投资，只会使自己陷入进退两难的境地。

总之，只有对即将投资领域充分熟悉、全面了解的前提下，再进行投资，才会事半功倍，在财富的大道上一帆风顺。因此，在选择投资项目时，一定要把兴趣放在首要的位置，同时还要尽可能地拓展投资思路，培养多元化投资思维方式，保持投资项目的多元化。

理财宝典»»

跨出去的脚步大小不重要，最重要的是方向要正确。创业者在创业之前一定要找到自己的兴趣点，投资自己熟悉的行业，千万不要只去关注那些收益高的行业，要从熟悉的行业开始，摸爬滚打，多积累经验，再去涉猎其他行业，相信那时你的成功率就一定很大。

根据市场变化，制定自己的投资计划

理财不同于小孩子做游戏，辛辛苦苦存的钱，由于做了错误的规划而在瞬间打了水漂。因此，光有理财意识还不能赚到钱，而是要有好的意识加上对市场导向的正确判断和合理的投资理财计划才成。

《红顶商人胡雪岩》一书中有这样一段话："如果你拥有一县的眼光，那你可以做一县的生意；如果你拥有一省的眼光，那么你可以做一省的生意；如果你拥有天下的眼光，那么你可以做天下的生意。"也曾有人这样说过："瑞士人卖的是智慧技术，美国人卖的是脑子里想出来的东西，日本人卖的是手里做出来的东西，中国人卖的则是地里种出来的东西。"虽说这句话有失偏颇，但也充分说明了一个道理：在生意场上，你有多广、多深的经营眼光，往往会决定你的生意能够做多大及你以怎样的方式来赚钱。

想必大家都知道下棋吧，下棋过程中，我们把仅仅看到一两步棋路的人称为“初级棋师”；把那些想到三四步棋路的人称为“中级棋师”；但是把那些能够估算到五六步以上棋路的人誉为“高级棋师”。高手们的头一二步棋，人们常常琢磨不透他们的用意。以下棋比喻经商，商战中的高手常常是这些运筹帷幄、决胜千里的商人。

联邦政府重新修建自由女神像，但是因为拆除旧神像扔下了大堆大堆的废料。为了清除这些废弃的物品，联邦政府不得已向社会招标。但好几个月过去了，也没人应标。因为在纽约，垃圾处理有严格规定，稍有不慎就会受到环保组织的起诉。

美国人麦考尔正在法国旅行，听到这个消息，他立即终止休假，飞往纽约。看到自由女神像下堆积如山的铜块、螺丝和木料后，他当即就与政府部门签下了协议。消息传开后，纽约许多运输公司都在偷偷发笑，他的许多同事也认为废料回收是一件出力不讨好的事情，况且能回收的资源价值也实在有限，这一举动未免有点愚蠢。

当大家都在看他笑话的时候，他已开始工作了，他召集一批工人组织他们对废料进行分类：把废铜熔化，铸成小自由女神像；旧木料加工成女神的底座；废铜、废铝的边角料做成纽约广场的钥匙；甚至把从自由女神身上扫下的灰尘都被他包装了起来，卖给了花店。

结果，这些在别人眼里根本没有用处的废铜、边角料、灰尘都以高出它们原来价值的数倍乃至数十倍卖出，而且居然供不应求。不到3个月的时间，他让这堆废料变成了350万美元。他甚至把一磅铜卖到了3500美元，每磅铜的价格整整翻了1万倍。这个时候，他摇身一变成了麦考尔公司的董事长。

如果你想投资经商，那你就将成为一个商人了，那么你在筹划大事的时候，应该问问自己：我会想到第几步？

在生活中，缘何有些有才华的人没有取得人生的成功呢？这主要是因为他们做事缺乏计划性，他们的投资行为都发生在一瞬间，或是一个似是而非的消息，或是心血来潮的冲动，几十万上百万的资金就在很短的时间内投入进去，没有理由，更没有计划，对于投入后市场将可能发生的变化没有任何准备，如此的投资行为本身在开始前就已经埋下了失败的种子！

投资市场是复杂多变的，充满了风险。这就需要投资者进行必要的谋划。有了投资计划，我们才能有条不紊地实施自己的投资步骤，才不会方寸大乱，手足无措。要制订自己的投资计划，可以通过如下六个步骤来完成：

1. 对自己有一个清醒的了解，认清自己的实际情况

（1）机遇：机会总是留给有准备的人。

机遇这个问题对投资而言，应该是老生常谈了，但却是一条永远不变的真理。其实，当你决定进行投资时，一定要在行动之前进行充分的准备，在这样的情况下，成功几率也会相应增大。

（2）性格：投资是一个克服自己性格缺陷的过程。

很多人在投资过程中遭遇失败就是因为不能很好地克服自身性格上的缺陷。从一部分投资失败者的经历来看，往往都是他们性格弱点的大暴露。比如，有的投资者原本做好了充分准备购买一只股票，但在第二天开盘后，发现这只股票走势很恐怖，顿时开始自我怀疑，进而自我推翻之前自己所作的所有肯定。更糟糕的是，在这样的情况下，有的投资者听信别人购买了一只根本不熟悉的股票，结局基本上只有一个——造成投资失误。

因此，这里要告诫投资者的是：不要按主观好恶去投资。在投资时，要坚决地按照自己原定的计划走，只有这样，才能减少失误、增加收益。

（3）心态：什么人都可以赚钱，唯有贪婪和怯懦的人赚不了钱。

对投资者而言，最要不得的心态就是太患得患失。在投资过程中，

千万不要过于怯懦，也不能过于贪婪，要学会止损，更不要忘记适时止赢。

(4) 心理因素：在投资过程中，投资者的心理素质有时比资金的多寡更为重要。

优柔寡断、多愁善感性格类型的投资者应该避免进行风险较大、起伏跌宕的短线投资项目。

(5) 知识和经验因素：投资者的知识结构中对哪种投资方法更为了解和信赖，以及人生经验中对哪种投资的操作更为擅长，都会对制订投资计划有帮助。

相对来说，选择自己熟悉了解的投资项目，充分利用自己已有的专业知识和成熟经验，是投资稳定成功、安全获益的有利因素。

2. 设定合理的收益预期

很多人没有合理的收益预期，他们觉得钱赚得越多越好。这是非常错误的想法。对于投资而言，都不能抱着一夜暴富的心理，设定不合理的收益预期。因为不合理的收益预期往往会促使投资者做出不理智的决定，带来巨大的风险。

3. 判断大环境

看宏观形势，投资者必须把握准国际形势的趋势，至少是要去关注它，并不一定要成为专家，而是平时要思考。比如说投资国内股市，那么投资者就应该思考，国际形势的变化会怎样影响到国内股市，会具体影响到哪些板块。有些敏感的投资者已经形成了这种连续性思维的习惯。例如，有人在听到美国发现新油田的消息，马上就预感到石油价格会下跌，分析价格下跌股市哪几个板块最受益，然后在这些板块中选择跌得差不多的、基本面还可以的买入，单就这一个行为，仅仅两个月不到就收益 20%。这就是会分析会判断。

其次，要把握好国内投资的热点，而对国内宏观形势的判断，和我们投资决策有直接关系。看国内形势把握投资热点，必须要看国内的宏观政策导向。

4. 多元化投资方案

投资的风险与收益并存，收益越高往往风险也越大。好的投资方案可以使投资者较大限度地提高收益，躲避风险。例如，在股票市场上，投资者很难准确预测出每一种股票价格的走势。假如贸然把全部资金投入于一种股票，一旦判断有误，将造成较大损失。如果选择不同公司、不同行业性质、不同地域、不同循环周期的股票，也会相应降低投资风险。

5. 投资风险

奉劝有稳定收入的人不要投机，因为投机往往会影响工作。要学会在不降低生活水平的前提下，增加自己的投资收益。

理财宝典»»

如果你决定要将闲置的钱拿去投资的话，首先要制定出一个缜密可靠的投资计划，这样，你就可以有条不紊地去实施你的发财梦想了。

洞悉赚钱的三个层次

对创业者来说，首要的目的就是赚钱。然而不同的人，因为选择创业项目的不同，创业规模的不同，一定会有盈利的多与少、赚钱的难与易之分别。

一位长期研究创业和公司发展的学者，总结了赚钱的三个层次，可以为创业者提供理念上的借鉴。它们是：

1. 人找钱的阶段

这个阶段也可以称作是靠体力赚钱阶段，它最辛苦、最疲劳、压力最大。没有那么多的营业消费量，就需要创业者自己出去拉业务，这必然是一个艰辛的过程。人们对新事物总是会有一个排斥的心理，他们或许对你不理睬，也可能当下敷衍过去，但终究不会有太大的成效。就像一些人摆地摊，早上五点起床，去进菜，整理菜，遭人的白眼，还被城管撵着到处跑。

人找钱是做生意最基础的阶段，也是必须坚持的阶段。虽然苦点，但是只要坚持下来，就是希望，就有盈利的可能。

2. 钱找人的阶段

这个阶段也可以称作是靠信誉赚钱阶段。在第一个阶段的基础上，创造了一定的信誉，也积累了一定数量的固定客户。就像有的人从摆地摊到进市场开批发部，再加上一些老主顾的帮衬，生意就相对好做了，成功的几率就更大了。

现在一些中小型企业都处于这个阶段，做得非常辛苦。因为它处于一个不上不下的阶段，虽然完成了资金的原始积累，但更重要的是找到了自己的优势，做大做强，否则即便处于第二个阶段，也容易在激烈的市场竞争中被淘汰。

3. 钱找钱的阶段

这个阶段也可以称作是钱生钱的阶段。它是在有极大资金积累的情况下，用剩余资金或者运作资金的阶段。前两个阶段的赚钱方式，都是要靠时间、精力去换取金钱，靠的是“人追钱”，但在第三个阶段，过的就是“钱生钱”的轻松生活，达到“让钱为我们工作”的赚钱境界。

这里给想要创业的朋友讲一个广为流传的曼哈顿岛的故事：

曼哈顿岛最初是一个荒岛，1626 年，一个荷兰人用 60 荷兰盾的物品就从印第安人的手中换取了这个荒岛。而现在，曼哈顿岛成为全世界最繁华的大都市，至少值 50 万亿美元。我们现在来看这宗交易，感觉那个荷兰人赚了大便宜。不过，假设卖出曼哈顿荒岛的印第安人，当时把卖岛所得的 24 美元拿去投资，仅以 8% 的年复利来计算，到了 380 多年后的今天，这 24 美元已经“成长”成 120 万亿美元。而 120 万亿美元远超出曼哈顿岛的现值，他们又可以极为轻松地将曼哈顿再买回去。

从这个故事可以看出，让钱生钱，首先要让钱从你的口袋里“走”出去，让它进入投资领域，去为你赚钱。关键是要把钱投入到投资领域而不是消费领域。每个女性都有难以克制的消费欲望，这既不利于积累财富也不利于女性的理财计划，只有克制欲望，延期消费，将钱投资出去才可以获益。

其次，还要让钱获得稳定的收益，“收益稳定”是钱生钱的关键。我们来做一个简单的计算，假使有1万元投资到收益大风险也大的领域，第一年获取50%的高收益，但第二年却亏损了40%，第三年再获利30%，第四年又亏损25%，第五年收益35%，第六年亏损30%。从表面来看，这六年里，每隔两年都有一个5%以上的正收益，但到了第六年末，一计算，不仅没有给投资者带来收益，反而亏损了17%。

因此，一定要追求稳定的收益，因为平稳收益率与长期持有相结合产生的效果将是意想不到的巨大财富效应。但往往有些人，追求快速致富，一夜暴富，结果却致富不了。

纵观这三个阶段，每个阶段都有不同的特点，创业者一定要正确理解自己所处的阶段，该吃苦耐劳时，勤奋拼搏，该做品牌信誉时，一定要舍小利而讲诚信。这样一步一个脚印，稳扎稳打，不急不躁地走向成功。

理财宝典»

一个人既然已经选择了创业这条道路，就一定会在过程中经历这三个阶段，每个阶段都有苦有甜，每个阶段都应该有一个正确的态度。当经历过这三个阶段后，就可以在商场上游刃有余。

创业失败，勇敢地爬起来

创业，没有一帆风顺的，总会遇到这样那样的挫折与失败，做生意遇到瓶颈期，没有一定数量的营业额，甚至赔了钱，这都很正常。关键是，不能因为害怕犯错误就畏畏缩缩停滞不前，更不能犯同样的错误，要善于在错误中总结经验教训，尽量少犯同样的错误，这样才能减少跌倒的几率。对此，有志要自主创业的朋友在创业之初要有心理准备。

阿里巴巴创始人马云说：创业就像人生，是一种经历。人在死时不会后悔做过什么，而会后悔没做过什么。因此，做一件事，无论失败与成功，总要试一试，闯一闯，不行的话可以掉头，可以在失败的地方爬起来，但是如果不做，就永远不可能有新的发展。

每一个创业者都会经历相似的生命周期。这个周期一般就是 10 年。有人曾经断言："10 年后，有八成的生意都会结束。"随着时间的推移，这句话不断被证明是正确的。

创业者的生命周期大致可以分为三个阶段：成长期、成熟期、衰退期。创业者面对这个自然的定律，应该怎么办？即便在衰退期，创业者也要明白，任何投资都有不可预测的风险，市场变幻莫测，行情大涨大跌，这就要求创业者要有良好的心理素质，有较强的承受能力，要赢得起也要输得起，大喜大悲的人，最容易失败。因此，在遇到创业的瓶颈期，一定要调整好自己的心态，正确看待企业所面临的问题，通过向专家咨询、看书等方式来度过困难阶段，最重要的是要有敢于直面困难的勇气。

于先生刚好到而立之年，他曾经在南京一家石化企业工作，年收入 2 万元左右，工作比较稳定。但是，他并不想就这样过下去，"想找个平台，进行创业，试试自己的深浅"。于是在去年五月，于行先生辞职创业，在朋友推荐下，代理了马来西亚品牌咖啡。这种咖啡和目前中国市场的大部分咖啡不同，它是由咖啡、脱脂奶粉、糖组成的，是纯天然的，它对人体几乎没有副作用。

亲戚朋友都试喝过这种咖啡，认为很不错，但不知为何，这样的咖啡在南京就是卖不出去。研磨出来的咖啡卖不出去，再加上前期的启动资金、装修、进货等投入，没有顾客消费就相当于在做赔本买卖。还有一个重要的因素就是咖啡的外包装问题，目前市场上销售的产品基本上都是盒装，而他的却是袋装，虽说减少了成本，但“面子”上有点过不去。还有一个问题让于先生头疼，那就是在全国各个城市寻找经销商，他曾经亲自到各地找经销商，但花了将近10万元的各项费用，仍旧是没有效果。

这时，于先生就遇到了极大的困难，专家给出建议：

不要轻信暴利。现在，一些吹嘘“投资少，见效快、回报高”等能一夜暴富的广告铺天盖地，以高额回报为诱饵。其实，投资的利润率，一般处于一个上下波动但相对稳定的水平。投资项目的利润有高低，但不会高得离谱。投资者在选择项目时，最好先到当地技术部门、工商部门咨询一下，以免上当受骗。不要大量贷款。于先生在刚开始投资的时候，一定要根据自身的情况量力而行，不能借贷太多，否则容易造成心理压力过大，极不利于经营者能力的发挥，很可能影响自己做出正确的判断，一次“赌博式”的投资就可能毁了自己的事业。

于先生其实找到了一个很好的市场空白点，但由于一些投资与经营方面的知识不足，从而导致了创业的不顺利。在专家的建议下，端正创业心态，爬起来再干，一定会获得不错的收益。

失败使人成熟、使人升华，在创业的道路上，失败并不等于是投降，失败是交学费，为的是东山再起、下一回从头再来，失败常常是成功的必经之路。殊不知，乔布斯和史玉柱都是数度摔倒又爬起来迎风而立的巨人。一切都将成为过去，当多少年后回首今天，没有此时此刻此情此景刻骨铭心的痛，创业将是多么平淡无味；创业犹如炼狱，不经历失败的练历，创业者又怎能够百炼成钢？

同时，失败也是对一个人人格的考验，尤其是对于一个女性创业者而言更是如此，在一个人失去了除生命之外的任何东西时，剩下的勇气还有多少？一个一往无前、永不言败的人，才能取得更大的胜利。爱默生说：“伟大的人物最明显的标志，就是他拥有常人没有的坚强品质。不管外部环境坏到何种程度，他的希望仍然不会有丝毫的改变，而最终克服障碍，以达到所希望的目的。”

理财宝典>>>

创业中，最避免不了的就是失败。在面对失败的时候，创业者应该保持一个积极乐观的心态，就像理财一样，刚开始都会有不顺利，但就算失败了，也要给自己力量，从哪里跌倒从哪里爬起来，成功从来不钟爱于一帆风顺的人，只有那些愈挫愈勇的创业者最后才能收获成功。

值得关注的离婚成本

过去，在一个很大的居民小区内，或在一个有几千人的大工厂内，都很少听到有离婚的，几十年过去了，可能是现在的人们更文明、更有道德、更有责任心了，离婚已成平常事。结婚几个星期离婚的有，几天的也有，前脚结婚，后脚离婚的也有。离婚是件光荣的事或是有什么好处吗？事实是只能是两败俱伤。而从理财的角度看，离婚并非最佳的选择。而且，对于婚姻双方都有财物上的损失。

单从经济角度来说，离婚也是一件劳民伤财的事情。夫妻一场，双方付出很多感情，付出很多努力，当然，也付出了许多物力和财力。一旦选择离婚，每个人都无法全身而退，甚至会打乱自己的人生规划，加剧人生风险。一旦感情破裂，走到离婚这一步，核心话题只有两个：孩子归谁养、家产怎么分。于是，离婚总要跟金钱扯上关系，离婚不仅是离婚本身，而是一堆钱、一堆东西、一套房子的事。

王女士和丈夫属于典型的80后“闪婚闪离族”——结婚不到两年，就因感情不合准备离婚。但因为离婚牵扯到房子归属，双方多次协商不成，因此王女士准备请律师到法院起诉离婚。

律师给其算了一笔账，法院诉讼费：一般为50元至200元，如果夫妻双方共同财产超过20万，超过20万的部分还需按0.5%收费；律师费：至少3000元；交通费：200元；房屋评估费：800元。

最后，律师提醒王女士，如果夫妻双方中任何一方对判决结果不服，提起上诉，还将产生与一审相同的诉讼费。这些都是必不可少的开支。

根据律师的提醒，王女士计算了一下，家里的新房是她和丈夫共同购买的，房屋面积125平方米，按每平方米4000元计算，房屋共50万元。如果房屋归王女士所有，那么她还要付给另一方25万元。而家里的汽车等共同财产，如果平分的话，王女士至少还要给对方15万元。因此，王女士办完离婚至少得付出40万元。想到这里，王女士傻眼了，这笔高昂的离婚费用真不是自己能承担的。

生活总是很现实的，已成家的每一个职业人都应了解离婚的成本，让自己实现财务安全、生活有保障。现代社会离婚率居高不下，而不少人在离婚时因为财产分割、子女抚养等问题无法与配偶达成一致，选择对簿公堂。当越来越多的人希望通过起诉离婚选择幸福和自由时，更需要把注意力集中于离婚成本，做到有备无患。

离婚成本大致可包括有：

1. 经济成本：增加个人财务负担

新的《婚姻登记条例》实施后，离婚手续变得更加简便，只要双方达成离婚协议，带好相关的证件以及协议书，就可到民政部门办理，只要9元钱即可。好聚好散，大家能协议离婚，当然是最省成本的方式。然而，并不是所有的离婚都这么简单，离婚常常还牵扯到财产的分割、孩子的抚养权。随着市场经济的发展，许多房子成了商品房，个人财产也超过了以前的财产数额，造成双方对财产争议比较大，因此诉讼离婚的就多了。

如果通过诉讼离婚，会产生一笔不小的费用。首先，法院的诉讼费用包括，离婚案件每件交纳 50 元至 300 元。涉及财产分割，财产总额不超过 20 万元的，不另行交纳；超过 20 万元的部分，按照 0.5% 交纳。如果离婚时要请律师，就会产生律师费。涉及到房屋、企业资产的价值评估，还要给评估机构交一笔不小的评估费，这笔费用也在百元至千元内。除此以外，办理诉讼离婚的过程还会产生交通费，不服法院判决的，还要面临二次诉讼等。同时，双方共有财产也会因此缩水和损耗。

2. 时间成本：纠纷耗时长，身心疲惫

如果是协议离婚，证照齐全，半小时搞定。双方好聚好散，的确不会耗费彼此很长时间。如果是诉讼离婚，时间就很难确定了。因为这其中牵扯到重大的利益纷争，而当事人双方都没有达成协议，因此这种纠纷很难妥善解决。

一般而言，如果与对方协商不成，再找律师与对方协商，律师安排的时间一般会在两周左右。在此时间内，如果谈判没有进展，律师会通过法院立案。离婚案件一般为简易程序，3 个月内审结。如果一审一方态度非常坚决反对离婚，法院调解无效，一般会在很短的时间做出判决。当然，如果一审法院没有判离，6 个月后再起诉，时间又要重新计算一回。这中间，评估时间、鉴定时间都不包括在内。总之，诉讼离婚会耗费双方相当长的时间。

3. 精神成本：思想压力大

在离婚纠纷中，法官感触最大的就是“双方见面就吵”。这时候，双方已经没有了往日的情感，甚至连应有的客气都抛弃了，简直成了敌人。于是，彼此发生争吵，甚至是过激肢体行为就不奇怪了。

在整个离婚诉讼过程中，当事人的精神往往易烦躁，喜怒不易控制，因为上法庭是男女任何一方都不愿意面对的事情，案件诉到法院，任何一方当事人都会面对来自社会的压力，来自父母的压力，甚至来自自身思想的压力。因此，才会出现离婚纠纷没有不吵的。

高强度的精神压力，不仅让当事人得不到休息，还会给工作带来恶劣影响，使人无法安心做事，大大影响了工作的效率和绩效。此外，人们在离婚期间还可能作出一些过激行为，给身体带来威胁。这些都是思想压力过大导致的恶果。

4. 教育成本：父母对孩子必须付出加倍的努力

离婚的时候，一旦双方有了孩子，那么就必须考虑孩子的成长。无论自己是否是与孩子共同生活的一方，夫妻中的任何一方都不能逃脱对孩子教育的责任，除了给孩子物质上的帮助以外，还要面对孩子心理上对自己的敌视。

通常，单亲家庭的孩子成长会面临更多的问题，父母必须付出加倍的努力，这也是离婚最大的成本之一。有的孩子在父母离婚后心理失衡，学习也受到影响，乃至走上违法犯罪的道路，令父母寸断肝肠。

理财宝典»»

离婚会给当事人在经济上、精神上和孩子教育问题上带来不利影响，造成不同程度的损失。对此，考虑清楚每一个细节，并找到解决问题的方法，是处理离婚问题的应有之义。

频繁跳槽让财富快速流失

现代职场中，跳槽是一些职业人随便就做出的轻率决定，跳槽是职业人趋利性的心理选择。但是，有的工薪族朋友频繁跳槽，缺乏理性的目标和发展计划，结果失去了专注提升才干、增加经验的机会，这未尝不是一种损失。

渴求能够快速成功，想在最短的时间内达成目标，或者花费最小的心力实现财富的快速积累，这是人之常情。但是，如果不顾实际频繁跳槽，势必与初衷背道而驰。可以说，当跳槽成为一种习惯的时候，你会发现自己在哪个单位，哪个行业工作都不开心，这表明跳槽阻碍了你的事业发展，就更别提财富增加了。

从毕业开始，不到半年，李杰已经换了两份工作。前一份工作不仅待遇不好，而且岗位也不理想，都是做些打杂的活，李杰觉得太埋没才华了，于是很快找了第二份工作。在新公司，虽然工资多了一点，但是工作量也很大，经常需要加班，结果连与同学聚会的时间都没了。最后，李杰又换了第三家公司，这里虽然没什么压力，但是待遇大不如前，很多福利也没有。没过多长时间，李杰再次选择了离开。忙了一年，李杰手头上没攒下一分钱。

频繁跳槽不仅会让人失去工作经验的积累，也断送了增加储蓄的可能。这是因为，不能在一个公司静下心来好好工作，个人才能就无法充分展示，业绩也不会有很大提升。最后，你得到的报酬也就不会很高。加上跳槽期间没有收入，还要付出额外的交通费、电话费、服装费用等，这等于你的个人财富在流失。

相对比而言，赵明毕业后一直在一家小公司，虽然待遇不怎么样，但可以学到不少东西。尤其对赵明这种职场菜鸟而言，除了专业知识外，工作方法、工作态度以及与人交际等方面，他都觉得自己很欠缺，需要好好学习。因此，赵明打算在一年内多学些本领，提升自己的能力，然后换份好工作。

日常工作中，赵明秉着虚心好学、勤劳苦干的精神，渐渐与同事们打成一片，顺利通过了试用期。就在年底拿年终奖时，经理特意把赵明留下，告诉公司方面决定提升他为办公室副主任。这可真是个大惊喜啊，比自己更有资历的同事很多，怎么会轮到自己这个新手呢？原来，经理看中的就是他的虚心和敬业，希望赵明能留下来好好发展，日后向管理层挑战。

考虑再三，赵明决定接受经理的邀请，暂时打消辞职念头。虽然公司规模不大，但还有很大的发展潜力，而且与他的专业很吻合。赵明想，既然不能做大海的虾米，那就做小池塘的大鱼吧！获得职位提升后，赵明的工资翻了一番，和同龄人相比也算是高收入了。

赵明耐得住初入职场的艰辛和寂寞，专心学习，累积工作经验，同时也能很好地调整自己的职业发展计划，由此获得了职位提升，也实现了个人财富的快速增加。

对刚进入职场的年轻人来说，一切都要从头开始，以甘当小学生的精神熟悉岗位规则，掌握行业发展技能，累积人脉关系。经过一段时间的积累，个人才华充分展示出来，就会迎来收获的季节。

当自己在工作中遇到了困难，出现了是另觅高就还是原地观望的困惑的时候，不妨仔细审查自己的实际状况，决定是不是要跳槽，否则会形成恶性循环，造成严重的后果。

在上面的故事中，李杰因为对现有工作不满，所以频繁跳槽。但每一次跳槽后，他没有踏踏实实地做事，增加专业经验，反思自己存在哪些不足，而是根据个人喜好选择工作单位，结果在时光流失中丧失了一切。频繁跳槽，会浪费在原有公司积累的各种资源，而且永远从新手开始做起，自然难以得到职位提升与薪水增加的机会。

财富的增加是一个积累的过程，它需要我们先累积工作经验，增加劳动技能，进而获得职位的提升，并伴随着薪酬的增加。因此，我们有必要认真、理性地设计个人职业发展规划，这是理财的应有之义。

理财宝典»»

频繁跳槽会带来许多消极后果，它不但让你的职业不稳定，收入不稳定之外，还可导致你因跳槽、找关系而损失一些固有成本，是一种得不偿失的选择。

五

财富工具：工薪族靠工资不如靠投资

关于理财，现在仍有许多人的认识还停留在只是对资财的管理上，这样的理解是不全面的，其实，理财包括管理和投资两个方面，而从理财的实质上讲，通过投资去赚取更多的钱才是它的真正意义所在。

储蓄：巧存薪水，多得利息

理财首要的目的就是最大限度地积攒钱财，最终目的是成为富翁。当然，这并不意味着只要这么做任何人都能成为富翁，但可以确定的是，如果没有良好的储蓄习惯，想要成为富翁只会是南柯一梦。

事实上，存钱也是非常简单的——那就是开源节流。也就是说如果要保证目前的消费水平，就要增加收入。如果在一段时间内你的收入增加有限，那就要相应地减少支出。除此之外，别无他法。当然，增加收入也并非是一件容易的事情，也很难根据个人意志而改变，因此对个人而言相对容易的方法就是减少支出这才是上上之策。

但一般人不能充分存钱的主要原因就是因为不清楚自己的月收入支出了多少，剩下多少。因此，想要积攒更多的钱，前提条件就是要弄清楚自己一段时间内的支出情况。

一旦决心储蓄存钱，没有计划是不行的。也许你会在心里默默地告诉自己每个月一定要储蓄多少钱，但是仅仅是心理暗示还是不够的，不做一个计划是很难将自己的储蓄大计坚持下来的。

首先，我们要学习的就是储蓄种类，我们都知道储蓄最大的优势在于风险小、期限灵活、简单方便，但是略显保守，收益相对较低，但这正好符合中国人骨子里那种根深蒂固的传统理财观念。而说到储蓄的种类是可以按存款期限的不同分为活期储蓄和定期储蓄两大类的，而定期储蓄又可以分为整存整取、零存整取、整存零取、存本取息等很多类型，了解了这些会更容易为自己的储蓄制定计划。

除了选择储蓄方式，根据自己不同形式的收入来制定储蓄计划也是必不可少的。

生活中，我们现金的收入可以分为工作收入、理财收入和资产负债调整的现金流入。工作收入包括薪金、佣金和奖金等，这些都是人力资源创造出来的收入，通常说来是比较稳定的，但是也存在事业风险。理财收入则主要是房租、股票利息以及投资得利等收入，这些则存在一定程度的投资风险。

对于刚刚工作的年轻人来说，一般只有工作收入这一项收入，而没有理财收入。而退休的人则只有理财收入，没有了工作收入。因此，不同的情况需要制定不同的储蓄计划，才能保证自己的资金保持只增不减的状态。

一般，毕业后工作 1－5 年的工薪族大多收入较低，朋友、同学也多，需要经常聚会，再加上谈恋爱和面临结婚等情况，花销比较大。所以年轻人在理财的时候最好不要以投资获利为主，最好以资金的积累为主，可以为自己制定这样的储蓄计划：节财计划→资产增值计划→应急基金→购置住房。也就是以积累为主，得利为辅。大概可以分为存，省，投三个部分。

这一阶段，存钱是一件很辛苦的事情，但一定要坚持不懈，绝不间断地存钱，在你每个月的收入里要雷打不动地提取一部分存到自己银行的账户里，这就是“聚沙成塔，集腋成裘”的实践。一般情况下，最好能够提取自己收入的 20%～30% 的收入进行存款，当然，这个比例也并不完全固定不变的，要视实际的收入和每个月的花销来确定，但是要保证每个月一定要有存款。

谈及存款，对年轻人而言就必须要注意存款的顺序，这里说的顺序就是一定要先把钱存起来再消费，消费多少要视自己的存款而定，千万不能在月底自己的工资快要花完的时候再去把所剩无几的钱存起来，这样很容易使自己的存钱计划搁浅。每个月的收入先用于存款，再用于消费，你就会为了保住自己的账户余额节省不必要的开销，而且自己有了这部分的手头存款，在用到钱的时候也就不会觉得手头拮据的。

当然，我们在这里强调存款的重要性，并非要求大家克制消费，实际上在日常消费时适当注意节省、节约，在基本的生活开销外要尽量减少不必要的开销，把省下来的钱用在存款或者开始自己的投资上面去，长此以往你将受益匪浅。

可能对于年轻一族而言，觉得省钱是不适合他们的，他们把“省”看作是“抠”、“小气”，虽然作为新时期的年轻人，追求时尚，追求潮流是情理之中的，但是这种想法是有偏差的，比如把根本用不过来的包包的花费用于存款或者购买返还型健康保险就比消费来的回报高多了。

有的年轻人认为储蓄实际上就是把自己的工资存到银行，其实没有那么简单，一笔钱放在银行的卡里，只能享受很低的活期存款利率，但是如果相同的存款改为定期存款将会获得更多的收益，短期内看起来可能差别并不大，一般也就是几十上百元的差别，但是如果时间长的话，再加上利滚利的因素，两者的收益差距就显现出来了。

除了存款和省钱，也不能忘了投资，每个月固定工资的存款是不能给自己的资金带来大的增长的，只有适当地进行投资，才能实现财富的快速积累。减去每个月的存款，日常消费之外的那部分资金就可以用来投资了，可以选择再存款、买股票或其他投资产品、教育进修等。这可以帮助自己制造多方收入和自身的提高。

对于短期内不存在结婚或者大笔用钱地方的年轻人来说，使用固定资金的存储会增加你的资金累计，提高自己储蓄理财的能力。这种方法对于那些还没有成家的年轻人尤其实用。那么，那些成家的年轻人又该怎么执行自己的储蓄计划呢？

一般，成家的年轻人在婚姻阶段经济收入已经有所增加，生活基本上是稳定的，一般是两个人共同生活取得收入，有了比单身时候更加充裕的资金用于储蓄理财，但是又会面临生孩子，买房子和买车子等一系列问题，这个时候就要把自己的储蓄计划重新设置一下：节财计划→购置住房→购置硬件→应急基金。而理财重点应该放在继续保持家庭储蓄和合理安排家庭建设的支出等方面。这个时期的理财策略应是：坚持储蓄为主，兼顾购置房产。因为一个家庭要想有一个稳固的根基，就必须要有一定数量的存款，而房产在另一种程度上会是一种固定的资产，因此也可以看做是储蓄的一种方式。

对于储蓄而言，因为每个人的情况不同，要根据自己的个人实际经济情况和个人性格特点制定属于自己的储蓄计划，并且严格按照自己的计划进行储蓄，这样随着时间的推移你将最终获得可观的利益。

理财宝典»»

储蓄并不会一步到位，财富也不是一下子就积累起来的，制定储蓄计划会让你的财富积累更容易实现，消费更没有后顾之忧。

信用卡：银行的钱你先花

信用卡具有储蓄、支付、结算、信贷的功能。现在很多人都持有信用卡，如果仅仅把银行卡当作是存取款的工具，那简直是太“冤枉”它们了。其实从普通的借记卡到可以“先消费，后还款”的信用卡，都各具特色，若使用得当，不仅可以享受更多便捷，还可以帮持卡人省钱，实现个人理财的目的，充分享受现代“卡式”生活。

1. 跨行交易认准银联标志

不同银行发行的银行卡能够在带有银联标识的 ATM 机和 POS 终端上统一存取款或消费。客户取款或刷卡，不用再像以前那样，在各种银行卡标识中寻找自己所持有的那一种卡，而只要认准标志即可。

2. 牢记 95516 和发卡银行客服电话

在用卡过程中一旦出现无法解决的问题，及时拨打中国银联的客服电话 95516 和发卡银行客服电话，以减少不必要的损失。

3. 多刷卡可以免年费

信用卡每年所收取的150元或300元的年费常常令办卡人觉得是一笔过高的额外开销。这样看来办信用卡似乎不划算。然而，在目前国内的信用卡市场，各大银行都有推出一年中刷卡若干次，即可免年费的优惠政策。这样说来，其实在国内信用卡的持有和使用基本上算是免费的。

4. 信用卡是商旅好帮手

经常出差或是喜欢出去旅游的人，会对信用卡更为钟爱。习惯用信用卡通过各大旅行网来订机票，手续简便而且可以享受免息的优惠。更多的，也避免了携带大量现金出行的麻烦。此外，信用卡在异地刷卡使用也是免手续费的。

5. 用信用卡理财

近年来基金大热，却也有很多人苦于缺少资金不知从何入手。信用卡持有人其实也可以通过信用卡定期定额购买基金，可以享受到先投资后付款及红利积点的优惠。在基金扣款日刷卡买基金，在结账日缴款，不仅可以赚取利息，还可以以零付出赚得报酬。但是，必须说明的是，这种借钱投资的风险也是非常大的，而且不适合用来做长线投资。

6. 注意农村信用社银联标志，边远地区也可跨行用卡

通过中国银联交换网络，在具有银联标志的全国县及县以下农村信用社柜台可以进行银行卡取款和查询，充分利用遍布农村乡镇的农信社网点资源为农民工提供方便、快捷、优质的银行卡服务。

7. 使用银联网络及时对信用卡跨行还款，免去利息费用

只要持有已开通跨行还款的入网机构的银行卡，便可随时在具有银联网络的ATM机进行自助操作，轻松完成银行卡跨行转账，交易资金瞬间从一张银行卡账户划入另一张银行卡账户，实时到账，方便快捷。

8. 巧用免息期

在刷卡消费、充分享受免息透支带来的快乐时，也要清楚记得还款

日期。如果没有按时还款，不少信用卡会将你的免息期的利息一并算回，而且还要缴纳滞纳金、超限费等，这相当于“高利贷”。不及时还款，还可能影响你的信用记录，涉及官司的还可能进入金融系统的“黑名单”，在你办理房子按揭贷款等业务时都会受到影响。

9. 最低还款须还足额度

一般推荐持卡人按账单金额全额还款。如果资金有其他安排，不打算全额还款，一定要还足账单上显示的“最低还款额”。只要还足了“最低还款额”，银行即视持卡人为正常还款客户。如果没有还到“最低还款额”，即使金额很少，银行也会认为持卡人是拖欠客户。而且根据中国人民银行的要求，银行有义务每月如实上报客户的资信情况。为了未来享受车贷、房贷服务，持卡人一定要重视自己的信用记录。

10. 用好自动还款和分期付款服务

如何解决既用足商业银行提供的透支免息期，又避免遗忘还款而导致银行收取高额透支利息呢？最佳选择是使用商业银行提供的自动还款功能，通过与银行签订自动还款协议，在透支免息期到期日由银行自动从本人指定账户扣划归还透支款项，但要保证指定的还款账户在还款日有足够的存款可以扣划。如果短期内无法偿还到期款项，可分期还款，指定最低还款额，并在一定期限内还清。

理财宝典»

巧用信用卡，将其变成个人理财的工具之一，不仅可以享受诸多的便捷，还可以帮忙省钱以及享受银行为持卡人提供的增值服务。巧用银行卡，学会用明天的钱改善今天的生活。

保险：给你的人生加上一份保障

现代职业人的生活压力都是比较大的，在外要努力工作，为自己挣出一片天；在内要关心家人、守护家人，他们却忘了要保护自己。新时代的职业人应该给自己一些特殊保护，投适合自己的险种，为自己的未来负责。

在一些发达国家，如美国、英国、日本，保险已经深入人心。每个家庭都有预备，有病时只需要担忧心灵上的创伤，而不需要为财务上多做担忧。如果能在健康而富裕的时候为家人购买保险，患有疾病之后，如果一部分的医疗费用可以由保险公司报销，生活就不会那么艰难。显然，保险要来得更可靠。在许多人眼里，保险最让人信得过，是一位从来不会背叛的情人，即使遇到再大的风雨和磨难，保险也不会离你远去。

“别人都说我很富有，拥有很多财富。其实真正属于我个人的财富是给自己和亲人买了足够的保险。”

听到人称“小诸葛”的张欣说出这样的话，朋友们都睁大眼睛问：“什么？保险能等于财富？”没错！保险能够在你的生命、财产、健康等受到危害时给予你一定的赔偿与帮助，它不也是一种投资吗？在后半生等到你的生命、财产、健康出了问题时，你就知道它是一项多么有益的投资方式了。所以说，保险也是一种十分稳健的投资方式，它能为你带来十分不错的经济回报。

从现实来看，保险也是有自己的特殊需要的，有些保险是根据职业人的职业特点与社会特性而为职业人量身定做的，更有针对性，如果选对了，你的后半生不仅有了保障，而且它也可以转化为你的个人财富。

买保险要综合考虑个人的保障需求、保险公司的经营业绩以及保险代理人的服务质量等。下面介绍一些保险常识：

一、保险

从广义上说，保险包括有社会保障部门所提供的社会保险，比如社会养老保险、社会医疗保险、社会事业保险等，除此之外，还包括专业的保险公司按照市场规则所提供的商业保险。

狭义上说，保险是投保人根据合同约定，向保险人支付保险费，保险人对于合同约定可能发生的事故，因其发生所造成的财产损失承担赔偿保险金的责任。或者当被保险人死亡的时候、伤残的时候或者达到合同约定的年龄、期限的时候承担给付保险金责任的商业保险行为。这里主要讲的是商业保险，而不是我们说的社会保险。

二、保险的类别

1. 按保险标的或保险对象划分

按保险标的或保险对象划分，保险主要分为财产保险和人身保险两大类。这是最常见的一种分类方法。

（1）财产保险。财产保险以物质财产及其有关利益、责任和信用为保险标的，当保险财产遭受保险责任范围内的损失时，由保险人提供经济补偿。财产分为有形财产和无形财产。厂房、机械设备、运输工具、产品等为有形财产；预期利益、权益、责任、信用等为无形财产。

（2）人身保险。人身保险以人的寿命和身体为保险标的，并以其生存、年老、伤残、疾病、死亡等人身风险为保险事故。在保险有效期内，被保险人因意外事故而遭受人身伤亡，或在保险期满后仍然生存，保险人都要按约给付保险金。人身保险包括人寿保险、人身意外伤害保险和健康保险等。

2. 按保险的实施方式划分

按保险的实施方式划分，可分为强制保险与自愿保险，或者商业保险与社会保险。

强制保险与自愿保险，强制保险是国家通过立法规定强制实行的保险。强制保险的范畴大于法定保险。法定保险是强制保险的主要形式。自愿保险是投保人根据自身需要自主决定是否投保、投保什么以及保险保障范围。

商业保险与社会保险，商业保险，又称金融保险，是指按商业原则所进行的保险，以赢利为目的。社会保险是指国家通过立法强制实行的，由个人、单位、国家三方共同筹资，建立保险基金，对个人因年老、工伤、疾病、生育、残废、失业、死亡等原因丧失劳动能力或暂时失去工作时，给予本人或其供养直系亲属物质帮助的一种社会保障制度。社会保险按其功能又分为养老保险、工伤保险、失业保险、医疗保险、生育保险、住房保险。

总之，保险是一种特殊商品，不但投资金额巨大，而且时间长远。因此，购买保险，必须慎重选择险种。保险种类很多，应根据自己的实际情况选择自己最需要的。比如同是养老保险，有的是在交费时就确定领取年龄，有的是在领养老金时才确定；有的是月领取，有的是年领取，有的是一次性领取，有的是定额领取，有的是增额领取。同是防重大疾病保险，有的观察期是 180 天，有的是 1 年，有的是 3 年，如果仅凭一时冲动投保而没有相互进行比较分析，往往不能买到合适的保险。

在众多保险中，一定要重视健康保险。医学证明了人的一生患上“重大疾病”的可能性非常高，沉重的医疗费、护理费、误工费、生活费成为全家沉重的包袱，很多人因负担不起而延误了治疗的时机，最后伤及生命，也许美满的生活就此止步。

社会医疗保险定位于提供基本的医疗保险，而且费用支付最高限额只有当地职工年均工资的 4 倍。即使参加了基本医疗保险的职工，如果住院治疗重病或者大病，超出的治疗费用需要通过补充医疗保险或者商业医疗保险途径才能解决。超出基本医疗保障的医疗保险需求仍然需要借助于商业医疗保险来解决。

此外，在保险投资理财中，还应避免走进某些误区。投保容易索赔难，难在“霸王行为”。因此，我们要注意保险消费中的常见陷阱，以保护自己的权益。

理财宝典》》》

“保险是为中产阶级服务的”，这一说法提醒我们，如果想保持较高的生活水平，只靠社会保险并不够，还需要商业保险的支持。在国外，商业保单是和房产、汽车并列的高档消费品。一个人在其一生之中，从20岁到60岁大约40年的时间有收入，因此他必须考虑如何将这些收入连续地分配到没有收入的时间中去，而保险是最适合这种需要的一种投资方式。

股票：跑赢大盘，用薪水以小搏大

如果说，社会是一个大市场，那么股市就是一个小市场，时时都有交易。

股票原始投资的目的，是要取得股票所附带的参与的权利。购入股票后，即成为该公司的股东，享有领取股利、出席股东大会等权利。正是如此，股票才有价值，人们才愿意拥有股票，股票因之才具有流通性，易出手变现。不过，目前投资人在投资股票时，多不期望取得该公司股东所享有的出席权利，而是着眼股票增值上扬的获利。

具体来说，购买股票的收益可以分为以下几个方面：

1. 分红派息

发行股票的公司每隔半年或一年，根据本公司的经营情况从利润中拿出一部分，按股份比例分给股东。如果公司经营情况不错，那么每股的分红可以在一元左右，而如果公司经营情况一般，可能每股只有几分。在前一种情况下投资所分得的红利可能比银行利息高出了很多，这也是股票吸引众人的原因。

2. 送股

例如一个公司的送股方案是 10 送 10，就是每 10 股送 10 股，如果投资者原来持有 1000 股该公司的股票，送股以后该投资者持有的股份增加了，说明了公司将它的利润用在了扩大再生产上，持股者拥有的公司资产增加了。这样一个公司的股票发行数越来越多，股份越来越大，说明这个公司发展快，有更多的人愿意持有它的股票，它的股票行情也会越来越被大家所看好。

3. 配股

配股是上市公司根据公司发展的需要，依据有关规定和相应程序，旨在向原股东进一步发行新股、筹集资金的行为。在沪深市场交易中，送红股、红利可不经过委托直接被划到投资者股东账户上，但配股需要交费，所以如果未做委托，那么就以投资者“放弃”处理，不能自动给投资者配售。沪深股市的上市公司进行利润分配一般只采用股票红利和现金红利两种，就是通常我们听到的送红股和派现金。当上市公司向股东分派股息时，就要对股票进行除息；当上市公司向股东送股东红股时，就要对股票进行除权。

4. 资本利得

也许有很多人在购买了股票没有多久就卖掉了，期间没有分红和送股，但是你的购买价是每股 3 元，而卖出价是每股 10 元，这个买卖差价我们叫做资本利得，是投资人购买股票的一种重要收入。

股票市场是一个迷人的地方，它造就了无数的财富神话。它可以让你大赚一把，也可以让你赔得血本无归。当人们在为变化莫测的价格曲线着迷的时候，股票散发着的魅力正在吸引越来越多人加入其中。

作为投资者，股民必须要对股票的投资有一定的风险控制策略，也只有这样才可能避免股市的残酷和无情。对于个体投资者而言，成功的风险控制主要分为以下几点：

1. 掌握必要的证券专业知识

股民要了解起码的股票常识。必须熟读五本以上与股票相关的书籍，不止熟悉股票投资的相关用语也能看到股票投资的光明前程。

2. 坚守停损卖出

停损卖出是让损失降到最小，获利放到最大的几个秘笈之一。就算失败了九次，只要有一次成功，就能获得大胜。要做到这一点，必须坚守停损卖出才可能达到。

3. 树立自己的原则

股票投资没有正确的答案，只要适合自己就行了，这就是原则。树立个人独特的原则，是股市投资的重要课题。

4. 认清投资环境，把握投资时机

关心国家宏观经济形势和有关证券市场的法令、法规、政策，它们对股市有很重要的影响。一是宏观环境，股市与经济环境、政治环境息息相关。当经济衰退时，股市萎缩，股价下跌；反之，当经济复苏时，股市繁荣，股价上涨。二是微观环境，如果你入场时机把握不好，为利益引诱盲目进入建仓，却不知正好赶上了一波涨势的尾部，那么牛市你也会亏钱，甚至亏损得十分严重。

5. 心理上要有一定的认识

要看到伴随着高收益的高风险，不少股民在股市上都是赔钱的，因此要做好“利益自享、风险自担”的心理准备。在挫折面前，不怨天尤人，不灰心丧气，否则就会影响你的判断力，做出错误的决定；而如果你能保持冷静、理解地研究行情、分析技术指标，你将能避免不必要的损失，并由此获得比较丰厚的收益。

6. 确定合适的投资方式

股票投资采用何种方式因人而异。一般而言，不以赚取差价为主要目的，而是想获得公司股利的多采用长线交易方式。平日有工作，没有太多时间关注股票市场，但有相当的积蓄及投资经验，多适合采用中线交易方式。空闲时间较多，有丰富的股票交易经验，反应灵活，采用长中短线交易均可。如果喜欢刺激，经验丰富，时间充裕，反应快，则可以进行日内交易。

7. 只有持股才能赚大钱

“长线是金，短线是银”。这句话是股市中流行了多年的经典。有人说想在股票市场赚大钱，必需学会持有股票的本领。不管你是否有水平研究指数，是否有水平选择股票，真正能使你赚到钱的真功夫就是如何持股。股市投资只有持股才能赚大钱，想靠调整市中的抢反弹来增加利润和弥补亏损，本身就已经掉进了主力的陷阱。

8. 不要轻易预测市场

专家说过：“判断股价到达什么水准，比预测多久才会到达某种水准容易。不管如何精研预测技巧，准确预测短期走势的机率很难超过60%。”这就是说如果你每次都去尝试，错了就止损退出市场，不仅会损失你的金钱，更会不断损害你的信心。从基本面入手寻找一些有长期价格潜力的股票，结合一些技术方法适当控制风险尽量长期持有股票，而对于长期的市场走势给予一个轮廓式的评估。这样的投资方式更为科学。

理财宝典»»

现代社会中充斥着种种冒险游戏。特别是在经济领域，投资意味着风险，特别是炒股票，风险就更大。尽管股市变幻莫测，股市的风险极大，但股市也不失为一个投资的好场所。一个懂得投资理财的智者不应放过股市这个可以一展所长的投资场所。

外汇：让钱生出更多钱

外汇的概念具有双重含义，即有动态和静态之分。外汇的动态概念，是指把一个国家的货币兑换成另外一个国家的货币，借以清偿国际间债权、债务关系的一种专门性的经营活动。它是国际间汇兑的简称。

外汇的静态概念，是指以外国货币表示的可用于国际之间结算的支付手段。按照我国1997年1月修正颁布的《外汇管理条例》规定：外汇，是指下列以外币表示的可以用作国际清偿的支付手段和资产：外国货币，包括纸币、铸币；外币支付凭证，包括票据、银行存款凭证、公司债券、股票等；外币有价证券，包括政府债券、公司债券、股票等；特别提款权、欧洲货币单位；其他外汇资产。人们通常所说的外汇，一般都是就其静态意义而言。

掌握外汇这个金融工具，要理解“汇率”这个关键词。它是一国货币换成另一个国家货币的比率、比价或价格。汇率实际上是把一种货币单位表示的价格“翻译”成用另一种货币表示的价格。从而为比较进口商品和出口商品、贸易商品和非贸易商品的成本与价格提供了基础。汇率之所以重要，首先是因为汇率将同一种商品的国内价格与国外价格联系了起来。

对一个中国人来讲，美国商品的人民币价格是由两个因素的互相作用决定的：第一，美国商品以美元计算的价格；第二，美元对人民币的汇率。因此当一个国家的货币升值时，该国商品在国外就变得较为昂贵，而外国商品在该国则变得较为便宜。反之，当一国货币贬值时，该国商品在国外就变得较为便宜，而外国商品在该国就变得较为昂贵。

那么，怎样获得合法外汇呢？境内居民可以合法持有的外汇开立 B 股账户，交易 B 股股票。A、B 股的价格存在着巨大的差异，B 股以其较低的市盈率和价格受到了广大投资者的青睐。国内投资者想要加入 B 股投资的队伍，首先须合法持有外汇。国内居民合法取得外汇，有如下渠道：

专利、版权。居民将属于个人的专利、版权许可或转让给非居民而取得的外汇；

利润、红利。居民个人对外直接投资的收益及持有外币有价证券而取得的红利；

遗产。居民个人继承非居民的遗产所取得的外汇；

保险金。居民个人从境外保险公司获得的赔偿性外汇；

捐赠。居民个人接受境外无偿提供的捐赠、礼赠；

利息。居民个人境外存款利息及因持有境外外币或有价证券而取得的利息收入；

稿酬。居民个人在境外发表文章、出版书籍获得的外汇稿酬；

年金、退休金。居民个人从境外获得的外汇年金、退休金；

雇员报酬。居民个人为非居民提供劳务所取得的外汇；

咨询费。居民个人为境外提供法律、会计、管理等咨询服务而取得的外汇；

赡家款。居民个人接受境外亲属提供的用以赡养亲属的外汇；

居民个人从境外调回的、经国内境外投资有关主管部门批准的各类直接投资或间接投资的本金。

值得提醒注意的是，国内居民如果投资 B 股，必须将外汇汇到证券公司指定的银行保证金账户内。投资者切不可太过心急，而到黑市非法换汇。那里陷阱多多，投资者很容易上当受骗。

当我们在理财过程中，如果不对外汇的形式做详细的了解，也没有做好充分的心理准备，只是一心想着赚大钱，如果你是抱着这种态度来对待外汇的话，恐怕早晚要吃亏。因为做外汇也需要投资者事先对外汇有一定的了解，炒外汇也需要一定的专业知识。

汇市投资者一定要耐心学习，循序渐进，不要急于开立真实交易账户，可先使用模拟账户进行模拟交易。在模拟的学习过程中，你的任务就是要找到属于你自己的操作风格与策略。当你的获益几率日益提高，就可以开立真实的交易账户进行外汇交易了。在做模拟的时候也要以真实交易的心态去对待，因为这样最容易了解自身状况，也可以快速找出可应用于真实交易的投资技巧。

外汇市场是经营外汇业务的银行、各种金融机构以及个人进行外汇买卖和调剂外汇余缺的交易场所。从全球角度看，外汇市场是一个国际市场，它不仅没有空间上的限制，也没有交易时间的限制，各国外汇市场之间已经形成了一个高度发达、迅速而又便捷的通讯空间网络。

目前，世界上大约有30多个主要的外汇市场，它们遍布于世界各大洲不同国家和地区。根据传统的地域划分，可以分为亚洲、欧洲、北美洲等三大部分，其中最重要的有欧洲的伦敦、法兰克福和巴黎，美洲的纽约和洛杉矶，澳洲的悉尼，亚洲的东京、新加坡和香港等。每个市场都有其特点，但所有市场都有共性。

各个市场被距离和时间所间隔，它们敏感地相互影响又各自独立。一个中心每天营业结束后，就把订单传递给别的中心，有时就为下一个市场的开盘定下了基调。这些外汇市场以其所在的城市为中心，辐射周边的其他国家和地区。由于所处的时区不同，各外汇市场在营业时间上此开彼关。它们之间通过先进的通讯设备和计算机网络连成一体。市场参与者可以在世界各地进行交易，外汇资金流动顺畅，市场间的汇率差异极小，形成了全球一体化运作、全天候运行的统一的国际外汇市场。

今天，人们对炒股已经习以为常，但是对炒汇还不太熟悉。借助互联网技术的快速发展，个人投资者进入外汇市场成为可能，这也进一步推动外汇交易成为全球投资的新热点。

在外汇交易中，一般存在着即期外汇交易、远期外汇交易、外汇期货交易以及外汇期权交易等四种交易方式。随着外汇市场的发展，进行外汇交易的门槛也越来越低，一些引领行业的外汇交易平台只需要250美元就可开始交易，也有一些交易商需要500美元就可以开始交易，这便在某种程度上大大方便了普通投资者的进入。对于一些想投资外汇市场的朋友来说，一般可以通过以下三个交易途径进行外汇交易。

第一，通过银行进行交易。通过中国银行、交通银行、建设银行或招商银行等国内有外汇交易柜台的银行进行交易。这种交易途径的时间是周一至周五。交易方式为实盘买卖和电话交易，也可挂单买卖。

第二，通过境外金融机构在境外银行交易。这种交易途径的时间为周一至周六上午，每天24小时。交易方式为保证金制交易，通过电话进行交易（免费国际长途），可挂单买卖。

第三，通过互联网交易。这种交易途径的时间为周一至周六上午，每天24小时。交易方式为保证金制交易，通过互联网进行交易，可挂单买卖。

理财宝典»»

外汇理财很重要的一点是，科学判别外汇的走势。影响外汇市场汇率变化的因素非常复杂，最基本因素主要有国际收支及外汇储备、利率、通货膨胀、政治局势。投资者决定投资外汇市场，应该仔细考虑投资目标、经验水平和承担风险的能力。要控制风险就要做好投资计划，设好止损点，努力做到：不要过量交易、善于等待机会、不要为几个点而耽误事、不要期待最低价位、关注盘局中的机会、建仓资金需留有余地等。

基金：工薪族投“基”莫投机

今天，仅靠存款生利息，累积财富不易，还是要善用金融商品做投资，加速财富增长。在各式金融商品中，股票风险大、挑选难，期货风险更大。不妨选择各式基金，作为踏入投资世界的第一步，跨入门槛低。

投资基金是指将许多小额投资人的资金，汇集起来，以信托或契约的形式交由专业机构进行投资组合，获取利润后再按投资者的出资比例分享的一种投资形式。

基金的种类有许多种，根据我国目前基金投资的现状，投资人需要了解自1997年11月国家颁布的《证券投资基金管理暂行办法》之后，发行上市的两种基金：“封闭式”基金和“开放式”基金。所谓“封闭式”基金，指基金发行的单位数也就是基金的规模是固定的。当基金募集的资金额度满了以后，基金就会封闭起来。至于“开放式”基金，指发行基金的单位数额是可以变动的，可以随时根据实际需要增加或减少。

美国是“基金天堂”，光是基金就高达八千余种，人们的投资金额有25%放在基金上面。“理财=基金”在一般人的观念里已经根深蒂固。个人股票持有率减少的同时，基金的股票持有率却有增加的趋势。

一般来说，证券投资基金是通过汇集众多投资者的资金，交给银行保管，由专业的基金管理公司负责投资于股票和债券等证券，以实现保值增值的一种投资工具。简单的说，基金就是把大家手里的钱汇集在一起，然后统一交给专业的人去帮你进行证券投资，然后在一定的时间之后“分红”。所以买不同的基金就相当于，把钱交给了不同的管家。

这种理财工具比起股票投资来说，风险相对小一些，而其收益一般也不低。一般还会高于直接参与股票交易的投资者。一方面，基金公司具有大规模的资金，可以降低股票投资过程中的风险；另一方面，基金公司拥有更专业的投资知识和技术功底，他们往往具有较高的投资水平。平均年报酬率8%～12%，加上复利效果，长期下来，累积财富的效果更大。

购买基金，可以让你在专心本职工作的同时，享受专家理财的益处。但是这并不能保证你就可以“坐拥百万”。基金也是有风险的，因此，只有一支能够很好地控制风险，实现稳定增长的基金，才最有可能帮助你实现百万富翁的计划。

假设你每月投资1000元，每年的收益是7%，需要28年的时间，如果是15%，只需要18年的时间。假设你现在30岁，每月投资1000元，年收益7%，到你退休时，你就可以拿到100万元，舒舒服服地享受退休生活，而不再需要为经济来源不足发愁。

王兴是刚参加工作的工薪族，每月3000元收入，因为自己有住房，所以每月的开销也不大，月支出在800～1000元之间，在他银行的账户上存有1万元。他一直想通过理财实现短期内买5万元左右汽车的愿望。他很自然地想到了把闲钱做些投资，但他没有太多业余时间，也缺乏专业的理财知识，不想做风险太大的投资。

为此，王兴咨询了相关专家。目前银行理财产品多以5万元为投资起点，所以，王兴基本无法选择，只有储蓄存款和基金投资比较适合，但储蓄存款收益较低，恐怕难以实现王兴短期购车的愿望，专家建议选择基金投资。

理财专家给出这样的建议，因为王兴每月节余1600元左右，考虑到其投资风险承受能力不高，且属于懒人理财，建议购买两只债券基金作定投。经过细心的研究和比较，王兴最后选择一只业绩表现优异的基金。他决定在两年中，把资金分批投入。王兴开始了自己的理财计划，他每月积累的2000元钱，暂存储蓄活期。王兴开始关注股票市场走势，并虚心向银行理财经理或证券专业人士请教。

每逢市场深度调整时，他就把此前积累的资金投入目标基金，然后再积累，再投入，这样有效地摊低购买成本。1年下来，王兴一算自己的投资收益到了20%，于是王兴信心百倍，虽然第2年收益不如第一年好，但是也达到了10%。两年时间，王兴本息收益达到了63360元，最终实现了自己的汽车梦。

基金发展迅速，投资类型也有很多，包括股票型基金、偏股型基金，指数型基金，债券型基金等。对于上班族来说，如果平时上班忙，对基金又把握不准，一个最简便的办法就是，通过网络，采取基金定投的理财方式，养成长期投资的习惯。

通常，只要你的电脑具有基金网络交易的功能，就可以自行选择每月当中任一天作为你投资的日子。薪水入账日就是很好的时机。薪水一下来，就将部分金额转入基金投资，这样可以养成长期投资的习惯，不会因为有钱就乱花而成为“月光族”。如此贴心的设计，可以让当代年轻人不必担心因为忙碌而忘记投资，耽误了理财大计，也能因此一步步成为聪明的理财专家。

在选择基金时有多种选择标准，可以以风险和收益作为选择的依据，也可以以自身的年龄和婚姻状况作为选择的依据，还可以根据投资期限来选择自己购买哪种基金。

基金认购是指投资者在设立募集期内购买基金单位的行为。申购是指基金成立后，向基金管理人购买基金单位的行为。赎回是指基金投资者向基金管理人卖出基金单位的行为。投资者可以在开立基金交易账户的同时办理购买基金，在基金认购期内可以多次认购基金。

通常，投资者拿到代销机构的业务受理凭证仅仅表示业务被受理了，但业务是否办理成功必须以基金管理公司的注册登记机构确认的为准，投资者一般在T+2个工作日才能查询到自己在T日办理的业务是否成功。投资者在T日提出的申购申请，一般在T+1个工作日得到注册登记机构的处理和确认，投资者自T+2个工作日起可以查询到申购是否成功。

同一投资者在每一开放日内允许多次赎回。可以部分赎回，当然各个基金都有规定持有份额的最低数量，例如有的基金规定剩余份额不低于100份，否则在办理部分赎回时自动变为全部赎回。

收取赎回费的本意是限制投资者的任意赎回行为。为了应对赎回产生的现金支付压力，基金将承担一定的变现损失。如果不设置赎回费，频繁而任意的赎回将给留下来的基金持有人的利益带来不利影响。而目前我国的证券市场发展还不成熟，投资者理性不足，可能产生过度投机或挤兑行为，因此，设置一定的赎回费是对基金必要的保护。

理财宝典»»

投资基金也需要选择，选适合自己的基金，则提高自己的收益，反之收益则不是那么理想。为此，要牢记几点：不熟不做，不懂不进；选择适合自己的基金才是最好的；投资基金要有足够的耐心；学会适时进行基金转换。

国债：让薪水与债券相伴

对懂得分散投资的人士来说，债券是投资计划中不可或缺的一部分。它是政府、金融机构、工商企业等机构直接向社会借债筹措资金时，向投资者发行，并且承诺按一定利率支付利息并按约定条件偿还本金的债权债务凭证。由于债券的利息通常是事先确定的，所以，债券又被称为固定利息证券。

具体来说，债权有四个方面的含义：发行人是借入资金的经济主体，投资者是出借资金的经济主体，发行人需要在一定时期还本付息，债券反映了发行者和投资者之间的债券债务关系，而且是这一关系的法律凭证。与股票投资相比，债券投资具有风险低、收益稳定、利息免税、回购方便等特点，使债券投资工具受到机构和个人投资者的喜爱。相应地，投资相对稳健的债券基金也成了投资者的投资首选。

2007年以来，股市的震荡给股民们上了一堂生动的风险教育课，不少人开始考虑将前期投到股市里的资金分流出来投入到更为安全的领域，于是国债销售又重温了久违的火爆场面。国债的收益率一般高于银行存款，而且又有国家信用作担保，可以说是零风险投资品种。如果是规避风险的稳健型投资者，购买国债是一个不错的选择。即使是积极型投资者，也应当考虑在理财篮子中适当配置类似的产品。

在许多投资者看来，国债是“金边债券”，收益最稳定。其实，投资国债如果不能很好地掌握国债理财的技巧，同样不会获得较高的收益，甚至还会赔钱。

投资者选择国债投资应先了解其规则，再决定是否买进、卖出以及投资额度。许多投资者以为国债提前支取就得按活期计息，这是不正确的，投资者选择国债理财也应首先熟悉所购国债的详细条款并主动掌握一些技巧。现在发行的国债主要有两种，一种是凭证式国债，一种是记账式国债。

第一，凭证式国债。

凭证式国债和记账式国债在发行方式、流通转让及还本付息方面有不少不同之处，购买国债时，要根据自己的实际情况来选择哪种国债。

凭证式国债从购买之日起计息，可以记名，可以挂失，但不能流通。投资者购买后，如果需要变现，可到原购买网点提前兑取。提前兑取除取回本金之外，期限超过半年的还可按实际持有天数及相应的利率档次计付利息。由此可见，凭证式国债能为购买者带来固定的稳定收益，但购买者需要弄清楚，如果记账式国债想要提前支取，在发行期内是不计息的，半年内支取则按同期活期利率计算利息。

值得注意的是，国债提前支取还要收取本金千分之一的手续费。这样一来，如果投资者在发行期内提前支取不但得不到利息，还要付出千分之一的手续费。在半年内提前支取，其利息也少于储蓄存款提前支取。此外，储蓄提前支取不需要手续费，而国债需要支付手续费。

因此，对于自己的资金使用时间不确定者最好不要买凭证式国债，以免因提前支取而损失了钱财。但相对来说，凭证式国债收益还是稳定的，在超出半年后提前支取，其利率高于提前支取的活期利率，不需支付利息所得税，到期利息高于同期存款所得利息。所以，凭证式国债更适合资金长期不用者，特别适合把这部分钱存下来进行养老的老年投资者。

第二，记账式国债。

记账式国债是财政部通过无纸化方式发行的，以电脑记账方式记录债权并且可以上市交易。记账式国债可以自由买卖，其流通转让较凭证式国债更安全、更方便。相对于凭证式国债，记账式国债更适合3年以内的投资，其收益与流动性都好于凭证式国债。

通常，记账式国债的净值变化是有规律可循的，记账式国债净值变化的时段主要集中在发行期结束开始上市交易时，往往在证交所上市初期出现溢价或贴水。稳健型投资者只要避开这个时段购买，就能规避国债成交价格波动带来的风险。

记账式国债上市交易一段时间后，其净值便会相对稳定，随着记账式国债净值变化稳定下来，投资国债持有期满的收益率也将相对稳定，但这个收益率是由记账式国债的市场需求决定的。对于那些打算持有到期的投资者而言，只要避开国债净值多变的时段购买，任何一支记账式国债将获得的收益率都相差不大。

另外，个人宜买短期记账式国债，如果时间较长的话，一旦市场有变化，下跌的风险很大，记账式国债投资者一定要多加注意。相对而言，年轻的投资者对信息及市场变动非常敏感，所以记账式国债更适合年轻投资者购买。

如果选择投资记账式国债，不妨从以下三个方面考虑：

1. 投资快到期的长期国债

市场利率和债券价格之间具有一定的反向关系，例如市场利率平稳提升可能导致债券价格在一定幅度中持续下降，从专业角度看，“久期”便用来描述一支债券的价格对于市场利率变动的敏感度。通常情况下，国债的期限越长，它的久期也越大，因此，所受市场利率变动的风险也越大。但是对于即将到期的长期国债就不一样了，它们的久期会随着到期日的接近而逐渐减小，所以是市场利率波动时最优选择之一。

2. 投资新发行的短期债券

相对长期国债而言，短期债券则受到市场利率变动的风险就小得多了，尤其在加息预期下，新发行的债券的定价会更加便宜，看准机会后，投入到新发行的短期国债市场当中，也是一个不错的选择。

3. 投资票面利息较高的国债

零息债券的投资者平时不能收到任何利息，只能等到债券到期日时收回债券的票面价值，投资者赚取的收益便是债券价格和票面价值之间的差额。因此，零息债券的价格受市场利率影响非常大。但票面利息较高的债券则恰恰相反，它们受到利率波动的干扰较小，计划长期投资债市的人们不妨考虑一下。

理财宝典»

有的人认为股市风险大，因此，平时在投资国债的时候，不太关心股市的情况。这是一种误区，很可能造成损失。经验证明，股市与债市存在一定的“跷跷板”效应。就是说，当股市下跌时，国债价格上扬；股市上涨时，国债下跌。所以，国债投资者不能对股市不闻不问，也应该密切关注股市对国债行情的影响，以决定投资国债的出入点。

公司债券：做大公司的债主

公司债券是公司依照法定程序发行、约定在一定期限内还本付息的有价证券。发行债券的公司和债券投资者之间的债权债务关系，即公司债券的持有人是公司的债权人，而不是公司的所有者，是与股票持有者最大的不同点，债券持有人有按约定条件向公司取得利息和到期收回本金的权利，取得利息优先于股东分红，公司破产清算时，也优于股东而收回本金。但债券持有者不能参与公司的经营、管理等各项活动。

作为一种稳妥理财的优选品种，公司债券能在交易所交易，因此成为机构投资者所钟爱的品种。个人如果想要投资，不妨考虑通过购买可转债基金间接分享其中的收益，这样可以让专业机构代你去分析和把握瞬息万变的市场波动，又坐享其成地稳健地收获回报。

购买公司债券，进行理财，还需要对其进行深入地理解，从而在投资决策中获得更理性的决策，确保投资计划稳妥推进。具体来说，理解下面几点是很重要的：

1. 公司债券是由“公司”发行的

债券的发行人、债务人是“公司”，而不是其他组织形式的企业。这里的公司不是一般的企业，是“公司化”了的企业。发行公司债券的企业必须是公司制企业，即“公司”。一般情况下，其他类型的企业，如独资企业、合伙制企业、合作制企业都不具备发行公司债券的产权基础，都不能发行公司债券。

在国内，国有企业属于独资企业，从理论上讲不能发行公司债券，但是按照中国有关法律法规，中国的国有企业有其不同于其他国家的国有企业的特别的产权特征，也可以发行债券——企业债券。而且，不是所有的公司都能发行公司债券。从理论上讲，发行公司债券的公司必须是承担有限责任的，如“有限责任公司”和“股份有限公司”等，其他类型的公司，如无限责任公司、股份两合公司等，均不能发行公司债券。

2. 公司债券需要“还本付息”

债券之所以是公司债券，在于公司债券的主要特征：还本付息，这是与其他有价证券的根本区别。首先，公司债券反映的是其发行人和投资者之间的债权债务关系，因此，公司债券到期是要偿还的，不是“投资”“赠与”，而是一种“借贷”关系。其次，公司债券到期不但要偿还，而且还需在本金之外支付一定的“利息”，这是投资者将属于自己的资金在一段时间内让渡给发行人使用的“报酬”。

对投资者而言是“投资所得”，对发行人来讲是“资金成本”。对于利息确定方式，有固定利息方式和浮动利息两种；对于付息方式，有到期一次付息和间隔付息（如每年付息一次、每6个月付息一次）两种。

3. 公司债券须通过“发行”得以实现

债券必须由其发行人面向其投资者通过“发行”才能实现。公司债券“发行”是发行人通过出售自身的信用凭证——公司债券获得资金，同时公司债券投资者通过支付资金购买发行人的信用凭证的一种信用交易过程。

从法理上讲，发行是一种“要约行为”。作为公司债券的发行，发行人一般通过发布公司债券发行章程或者发债说明书方式进行要约，只要承认和接受“要约”条件并愿意支付必需资金的投资者，都可成为公司债券投资人，同时，凡是购买公司债券的投资者，都等于认可接受了“要约”，就必须履行“要约”上的义务和有权获得“要约”上的权益。

在公司债券发行过程中，必须按照“要约”的基本特征，在发行章程或发债说明书上明确公司债券的发行人、发行对象、募集资金用途，以及公司债券的所有要素内容，包括发行人、发行规模，期限、利率、付息方式、担保人以及其他选择权等等，因此，发行公司债券作为一种“要约”行为，是公司债券的“出售－购买”契约的签订过程。

通常，发行包括公募和私募两种。公募发行是面向社会不特定的多数投资者公开发行，这种方式的证券发行的允准比较严格，并采取公示制度，私募发行是以特定的少数投资者为对象的发行，其审查条件相对宽松，也不采取公示制度。

4. 公司债券具有“一定期限”

债券反映的是债权债务关系，是一种借贷行为，“有借有还”，这就要确定经过多长时间偿还。首先，按照金融学一般理论，公司债券作为一种资本市场工具和作为一种长期资金筹集渠道，期限都须在一年以上；其次，这种期限既包括公司债券的存续期限，还包括公司债券付息期限；第三，虽然期限是一定的，但也有变化。

在具体的发行过程中，可在发债说明书中规定提前赎回条款、延迟兑付条款等，这些都是在“一定期限”基础上事先确定的变化。另外，在发达资本市场国家，还曾经发行无限期公司债券，但这是一种非常特殊的债券，目前已基本不存在。

5. 公司债券是一种“有价证券”

首先，公司债券作为一种“证券”，它不是一般的物品或商品，而是能够“证明经济权益的法律凭证”。“证券”是各类可取得一定收益的债权及财产所有权凭证的统称，是用来证明证券持有人拥有和取得相应权益的凭证。其次，公司债券是“有价证券”，它反映和代表了一定的经济价值，并且自身带有广泛的社会接受性，一般能够转让，作为流通的金融性工具。

因此，从这个意义上说，“有价证券”是一种所有权凭证，一般都须标明票面金额，证明持券人有权按期取得一定收入，并可自由转让和买卖，其本身没有价值，但它代表着一定量的财产权利。持有者可凭其直接取得一定量的商品、货币或是利息、股息等收入。由于这类证券可以在证券市场上买卖和流通，客观上具有了交易价格。

理财宝典 >>>

公司债券投资是一种风险投资，那么，投资者在进行投资时，必须对各类风险有比较全面的认识，并对其加以测算和衡量。同时，采取多种方式规避风险，力求在一定的风险水平下使投资收益最大化。

黄金：薪水也能金光乍现

在通货膨胀到来的时候，买什么最好？答案是——黄金。当世界范围内的通货膨胀都在抬头时，作为一种增值保值的理财工具，黄金就有了大显身手的机会。尤其是当黄金价格仍处在上升周期时，投资者把握好机会，无疑将会有很大获利空间。

此外，黄金本身就是一种商品，国际黄金的价格是以美元定价的，在黄金产量增长稳定的情况下，停留于黄金市场中的美元越多，每单位黄金所对应的美元数量将越大，即金价将越高。而且，现在美元的泛滥也不是什么秘密，部分资金流向商品市场，这正是国际金价持续上涨的真实背景，并且在相当长的一段时间内这种趋势还是不会逆转的。

黄金投资和外汇投资、股票投资一样，要时时关注行情的变化和走势。在市场上，黄金价格的波动，绝大多数原因是受到黄金本身供求关系的影响。除此之外，由于黄金的特殊属性，以及宏观经济、国际政治、投机活动和国际游资等因素，黄金价格变化变得更为复杂，更加难以预料。影响黄金价格变化的基本因素概括起来主要包括：供求关系是影响黄金价格的基本因素、美元走势与金价密切相关、利率对黄金价格走势的影响、经济景气状况、通货膨胀对黄金价格的影响、石油价格、世界金融危机、国际政局动荡、战争等。

时下，随着各家银行相继推出各类的黄金业务，越来越多的市民也开始对“炒金”投资跃跃欲试。投资者又怎样在令人眼花缭乱的市场中看得清楚、想得明白、自己做主呢？

目前，市场上的黄金交易品种中，纸黄金投资风险较低，适合普通投资者；黄金期货和黄金期权属于高风险品种，适合专业人士；实物黄金适合收藏，需要坚持长期投资策略。

1. 实物黄金

实物黄金买卖包括黄金、金币和金饰等交易，以持有黄金作为投资，只有在金价上升之时才可以获利。

从权威性来看，人民银行发行的金银币最权威，是国家法定货币。市民目前对金条比较热衷，仍未完全注意到金银币的升值潜力。热门金银币主要有奥运题材的金银币和纪念币、生肖金银币、熊猫金银币，以及《红楼梦》系列、京剧艺术系列和《西游记》系列金银币。

题材好的实物金升值潜力更大。2008 年上市的奥运金第三组发售价为 188 元/克，截至 2013 年已涨至 369 元/克。而已发行的各种贺岁金条价格也都随着原材料价格的上涨有了大幅度的上涨，因此，题材好的实物黄金的发行溢价也较多，不适合短线投资。

实物金也是不错选择。目前兴业银行和工行推出了个人实物黄金交易业务，这是一种全新的炒金模式，个人买卖的是上海黄金交易所（简称“金交所”）的黄金，金交所过去只针对企业会员提供黄金买卖业务。实物金的购买起点是 100 克，投资门槛将近两万元，比纸黄金更高，但手续费较低。投资者在兴业可提取实物黄金，如果不提取，个人实物黄金交易业务就可以像纸黄金那样操作。

投资者要区分两种实物金条：投资型的实物金条和工艺品式的金条。

实物金条报价是以国际黄金现货价格为基准的，手续费、加工费很少。投资型金条在同一时间报出的买入价和卖出价越接近，则黄金投资者所投资的投资型金条的交易成本就越低。投资型金条是投资实物黄金的最好选择。

工艺品式的金条，溢价很高。如有的金条报价比一般的价格高很多，这已经不是卖黄金，而是卖工艺品了。

真正投资黄金，要买投资型的黄金制品，比如说含金量是AU9999的，不能是三个9的。目前国内很多厂家都推出了AU9999的黄金，投资黄金应该选择这一种。

2. 纸黄金

“纸黄金”其实就是指黄金的纸上交易。投资者的买卖交易记录只在个人预先开立的“黄金存折账户”上体现，而不必要进行实物金的提取，这样就省去了黄金的运输、保管、检验、鉴定等步骤，其买入价和卖出价之间的差额要小于实金买卖的差价。

当然，不管是投资“纸黄金”，还是实物金，最终能否赢利还是要依赖于国际金价的走势。理财专家提醒，投资“纸黄金”应综合考虑影响价格的诸多因素，尤其要关注美元“风向标”。在目前投资黄金要注意市场风险，毕竟金价目前处于相对高位，尤其黄金是一个“慢热”投资品，不会像股票那样频繁涨跌，因此也不适于频繁买卖。

3. 黄金期货

作为期货的一种，黄金期货出现得比较晚，期货是人类商品发达的必然产物，黄金期货，跟其他的农产品期货一样，按照成交价格，在指定的时间交割，是一个非常标准的合约。

黄金期货具有杠杆作用，能做多做空双向交易，金价下跌也能赚钱，满足市场参与主体对黄金保值、套利及投机等方面的需求。

黄金期货推出后，投资者可到期货公司买卖。期货开户只需要带上身份证和银行卡就可以办理，与证券开户类似，只是将“银证对应”换成了“银期对应”，一个期货账户还可以同时对应多个银行账户。

4. 黄金期权

期权是指在未来一定时期可以买卖的权利，是买方向卖方支付一定数量的金额后拥有的在未来一段时间内或未来某一特定日期以事先规定好的价格向卖方购买或出售一定数量的特定标的物的权利，但不负有必须买进或卖出的义务。黄金期权就是以黄金为载体做这种期权。在国内，中行首家推出了黄金期权交易，其他的银行也陆续开办。国内居民投资理财又多了一个交易工具。

黄金期权也有杠杆作用，金价下跌，投资者也有赚钱机会，期权期限有1周、2周、1个月、3个月和6个月5种，每份期权最少交易量为10盎司。客户需先到中行网点签订黄金期权交易协议后才可投资，目前该业务只能在工作日期间在柜台进行交易。

据了解，支付相应的期权费后，投资者就能得到一个权利，即有权在期权到期日执行该期权或放弃执行。

那么，如何用黄金期权来获利或者避险呢？举一个例子：李先生预计国际金价会下跌，他花1200美元买入100盎司面值1月的A款黄金看跌期权。假设国际金价像李先生预期的一样持续下跌至615美元/盎司时平仓，则李先生的收益为（650－615）×100＝3500美元，扣掉1200美元的期权费，净收益为2300美元。如果金价不跌反涨至700美元，投资者可放弃行权，损失1200美元期权费。

这就是期权的好处。风险可以锁定，而名义上获利可以无限。期权投资是以小搏大，可以用很少的钱，只要看对了远期的方向，就可以获利，如果看错了方向，无非就是不执行，损失期权费。

在国内投资黄金中，如果纸黄金投资和期权做一个双保险挂钩的投资，就可以避免纸黄金单边下跌被套牢。因为纸黄金只能是买多，不能买空。如果在行情下跌的时候，买入纸黄金被套，又不愿意割肉，可以做一笔看跌的期权。

例如：320美元买入纸黄金，同时做一笔看跌期权，当黄金价格跌到260美元，纸黄金价格就亏损，但是在看跌期权补回来，整体可能是平衡，或者还略有盈利。这就是把纸黄金和黄金期权联合在一起进行交易的好处。

5. 黄金饰品

其实，在日常生活当中一提到黄金投资，很多人还是会认为是购买金饰，其实不然。金饰品的收藏、使用功能要强于投资功能。从投资的角度看，投资黄金饰品是一项风险较高且收益较差的投资行为。其原因是金饰品的买入价和卖出价之间往往呈现出一种倒差价状态，即金饰品的初次买入价往往大于以后的卖出价，且许多金饰品的价格与其内含价值相距甚远。由于金饰品的投资收益在短时间内难以实现，因此买卖金饰从严格意义上来讲是一种长期投资行为或者是一种保值措施。

理财宝典»»

投资理财应密切结合自身的财务状况和理财风格。也就是说要明确个人炒金的目的，你投资黄金，意图是在短期内赚取价差呢？还是作为个人综合理财中风险较低的组成部分，意在对冲风险并长期保值增值呢？对于大多数非专业投资者而言，基本以长期保值增值目的为主，所以用中长线眼光去炒作黄金可能更为合适。此时应看准金价趋势，选择一个合适的买入点介入金市，做中长线投资。

房产：工薪族也可以投资房地产

房子，不仅可以自己居住，还可以作为一种家庭财产保值增值的有效方式。如果你有一定的闲置资金，投资房产是个不错的选择。中国的城镇化进程正是热火朝天的时候，城镇的有限土地资源就显得更值钱了。房产能够抵消通货膨胀带来的负面影响，在通货膨胀发生时，房产也会随着其他有形资产的建设成本不断上升，房产价格的上涨也比其他一般商品价格上涨的幅度大，因而投资房产成为人们的首选。

众所周知，投资房产以买卖形式进行房产交易，存在着较大的风险性：一是低买高卖的时机难以把握；二是交易成本高，对于一般家庭来说，购置房产也算是一笔不小的开支，可能会影响到整个家庭生活，且缺乏灵活的变现能力。但对于一个聪明的理财能手来说，与其他投资理财工具相比，房产是创造和积累财富最好的途径之一。

房产投资让许许多多的人着迷，最突出的一点就是可以用别人的钱来赚钱。我们大部分的人，在今天要购买房屋时，都会向银行贷款，越是有钱人，越是如此。同时，银行乐意贷款给你，是因为房产投资的安全性和可靠性。房地产投资在个人理财中的优势，集中体现在三个方面：

第一，规避通货膨胀的风险。在家庭资产中，视家庭的经济状况将资产进行有效组合，以规避风险和获取较高的收益，是家庭理财的主要目标。一般来讲，在宏观经济面趋好时，会带动房产升温和价格上涨，投资者可以从中获利。宏观经济面恶化时，只要前一个时期房产价格的泡沫不太多，那么相对其他市场而言，则要稳定得多，抗通货膨胀的能力也强得多。

第二，利用房产的时间价值获利。房产投资是一项长期的投资，它的投资价值是逐步凸显的。纵观世界经济的发展趋势，城市房产的供求关系必将受到一定程度的影响。从长远角度上看，城镇特别是经济活跃的大中型城市，其房产价格必将会一步步上涨。

第三，利用房产的使用价值获利。其主要渠道就是出租，即将投资的商品房或门店通过出租的方式获取收益。通过这种方式获利，其核心就是要明晰所投资的房产有没有发展的潜力和价值。如商品房，一定要看社区的规模、配套设施、环境、交通、治安和人文环境等因素。以及将来是将房产租给打工族住，租给白领住，抑或租给其他人群住？现在出租，在使用价值上能不能获利，能获利多少？将来在时间价值上，房子能不能增值，能增值多少？

总之，房产投资不是盲目地买房卖房，必须要充分了解市场，因此表现出来的投资方式、投资结果也不尽相同，这就需要投资者在具体的操作中加以分辨了。

对购房者来说，自住房考虑最多的是价格合适、居住舒适等问题，而投资购房则更像投资股票一样，考虑更多的则是房产的升值问题，包括房屋价格和租金的上升等。一般而言，投资股票你没有实力坐庄，你就难以把握自己的命运，任人摆布的时候居多。但是，投资房地产即使你只是一个中小投资者也不会妨碍你正常获利。

实际上，影响房产增值的因素很多，主要是以下几个因素：

1. 位置

在诸多影响房产增值的因素中，位置是首当其冲的，是投资取得成功的最有力的保证。房地产业内有一句话叫“第一是地段，第二是地段，第三还是地段”，可见地段的重要性。影响房产价格最显著的因素是地段，而决定地段好坏的最活跃的因素是交通状况。分析某一地段时，并不是看它是否在繁华市中心，相反市郊结合部往往具有更大的升值空间。

2. 交通状况

影响房产价格最显著的因素是地段，决定地段好坏的最活跃的因素是交通状况，一条马路或城市地铁的修建，可以立即使不好的地段变好，好的地段变得更好，相应的房产价格自然也就直线上升。投资者要仔细研究城市规划方案，关注城市的基本建设进展情况，以便寻找具有升值潜力的房产。应用这一因子的关键是掌握好投资时机，投资过早可能导致资金被套牢，投资过晚则可能丧失房产投资的利润空间。

3. 商圈

商圈也是决定房价的关键因素，所购房产地处的商圈的成长性将决定该房价的增长潜力。所谓住宅所处的商圈，由几部分构成：其一是就业中心区，一个能吸收大量就业人口的商务办公区或经济开发区。就业人口是周边住宅的最大需求市场，这个就业中心区的层次将决定周边住宅的定位，其成长性将决定周边住宅开发在市场上的活力。其二，在离就业中心区三至五公里的地带将集中成一个有规模的、统一规划的成片住宅区，一般要超过四五个完整街区。其三，在住宅区中，有一个以大卖场为中心的商业中心，辐射 20 分钟步程。就业中心区、住宅区、大卖场三者之间将会形成一种互动的关系。与就业中心区的互动成就了住宅区开发的第一轮高潮，而大卖场的选址却是洞悉第二轮增长的关键。

4. 环境

包括生态环境、人文环境、经济环境，任何环境条件的改善都会使房产升值。生态环境要看有无空气、水流等公害污染及污染程度等，如果小区内开辟有大量的绿地或有园林，这样的小区就可因局部区域绿地的变化而使气候有所改良，小区内的植被会吸收噪音、阻断尘埃，可将受污染的空气渐渐净化。在购房时，要重视城市规划的指导功能，尽量避免选择坐落在工业区的房产。每一个社区都有自己的背景，特别是文化背景。在知识经济时代，文化层次越高的社区，房产越具有增值的潜力。比如外国人喜欢聚居在使馆区周围的公寓、住宅里，其外国文化背景使得使馆区周围的外销公寓很受青睐。

5. 配套

在关注房产本身的同时，还要放眼所购房产的配套设施。配套设施的齐全与否，直接决定着该地段房产的附加价值及升值潜力，同时也是决定着入住后居家生活方面舒适与否的关键因素。同交通条件类似，配套条件也主要针对城郊新区的居住区而言，在城市中心区域大多不存在配套问题。很多小区是逐步发展起来的，其配套设施也是逐步完成的。配套设施完善的过程，也就是房产价格逐步上升的过程。

6. 品质

随着科学技术的发展，住宅现代化被逐步提上了日程。实际上，房产的品质是在不断变好的。这就要求在买房时，要特别注意房产的品质，对影响房产品质比较敏感的因素，要重点考虑其抗“落伍”性。如规划设计的观念是否超前，是否具有时代感，是否迎合物业发展的趋势。好的规划设计，能够体现其自身的价值。一栋造型建筑物，可以提高自身的附加值。房产的内部空间布局也很重要。一栋经过良好规划的建筑物，不仅室内空间完整方正，对于采光、通风、功能分隔的考虑也都要符合使用要求，当然价值也高。另外，建材设备优良的房产也具有较大的升值潜力。

7. 期房合约

投资期房具有很大的风险，投资者要慎而又慎。但一般来说，风险大收益也会比较丰厚。相应地，如果能够比较合理、合法地应用好期房合约的话，应该是可以获得丰厚回报的。在这里，有两点要引起足够重视，一是要请专业人士帮助起草期房合约；二是要挑选有实力和信誉的开发商。这样可以保证能够按期拿到合乎标准的房子，或者万一出现开发商违约的情况，也能够保证资金的安全和获得开发商给付的违约金。

理财宝典»

房地产投资的两种常见方式为：第一，通过房产的转手买卖获得短期增值收益，这种投资行为适合于即刻回报型的房产；第二，以出租等方式获取房产投资的长期增值收益，对于培养回报型的房产，可以先出租，从而获得长期收益。

收藏投资：
让工薪族在玩与欣赏中实现理财目标

收藏是指对一些有价值的文物的收集和保藏。现实中，有许多巨富就是以收藏发家的，但搞收藏对人的对文物的认知程度要求很高，如果是外行搞收藏，不但达不到理财致富的目的，甚至还可能会让自己赔上老本，因此，搞收藏要先入门。应该说，我们国家的国宝无比的丰富，这是收藏理财的基础。

古玩：工薪族不可错过的投资盛宴

人们之所以看重古玩收藏，除了它的文化价值以外，更看重的是经济价值，因为收藏的过程就是一个保值和不断增值的过程。对古玩的投资，应遵循以下几点原则：

1. 培养一定的鉴赏能力

投资古玩最好先从收藏古玩开始，在兴趣和嗜好的引导下，潜心研究有关资料，经常参加拍卖会，浏览展览馆，来往于古玩商店和旧货市场之间，有机会也不妨“深入”到穷乡僻壤和收藏者的家中，多看、多听、少买，在实践中积累经验，不断提高鉴赏水平。尤其是刚入门的收藏者，要多听行家的评价，多研究相关资讯，对古玩年代、材质、工艺、流派、真假进行深入细致的了解、鉴赏和识别。

2. 选择收藏品要少而精，且量财力而行

收藏品种类繁多、范围广，根据个人兴趣和爱好，选择其中的两三样作为投资对象即可，这样才能集中精力，仔细研究相关的投资知识，逐步变为行家里手。同时，还要考虑自身的支付能力。如果是新手，不妨选择一种会长期稳定升值的收藏品种类来投资或从小件精品入手。

3. 正确估算收藏品的投资净值

这中间，要充分考虑购买收藏品、保管收藏品和出售收藏品所付出的各种费用。确定你的收藏品有一个现成的、价格合理的买卖市场，把收藏品当成你投资策略的一小部分，如果你根本不打算卖的话，你就不应该把它视为一种投资。

4. 有胆识，但要戒冲动

俗话说，“古玩无价”，保值增值的古玩大多都是珍品，价位偏高。这就要求购藏者有超前意识，有足够的胆量。若遇珍宝，一定要有魄力。

同时，投资是理性行为，是建立在对投资领域丰富经验和对投资项目充分论证基础上的。自己本身就外行，又没有冷静研究和咨询的过程，风险可想而知。这时候要避免冲动而为。可以说，古玩基本上“拒绝”外行投资。如果你不真心热爱艺术品，不以追求美的情感去接近它，不多年浸润其间，把辨析其艺术价值和真伪优劣变成一种近乎本能的感觉，而只以买彩票的心理想一夜之间靠它发财，这是不现实的。而冲动，恰恰来自这种无知。

5. 不轻信他人的话

对古代艺术品的选购，“过来人”有一句箴言：“谁的话也不能全信。”意思是如果你没练就一双火眼金睛，对要买的东西能拿七成主意，就算专家在旁，也照样会有风险。因为专家也有局限性，走眼的事就难免发生。而那些卖主的话，就更要大打折扣。应遵循的原则是：只看货，不听话。越是信誓旦旦的说词，越要提高警惕。某拍卖公司收货的职员对某古董店老板说：“给找点货呀，新的也没关系，只要到位。”这个“到位”当然是指仿品乱真的程度要“到位”。

6. 别抱有侥幸心理

收藏圈子里有个人人都说的话题：“捡漏儿”。所谓“漏儿”，是指某件艺术品价格严重背离价值。这是社会环境影响和买卖双方心理与能力错位造成的。而“漏儿”只可能发生在内行之间，它实质是买卖双方艺术鉴赏力和市场洞察力的角斗，而赢家一定是“道行”更深的买主。因此，在艺术品市场，“漏儿”永远有，但却永远不属于外行，因为连真假高下都尚难分辨，根本就不可能看出什么是“漏儿”。

7. 注意规避风险，尤其是政策风险

古玩投资同样存在风险。古玩市场做假历来有之，一不小心看走眼就可能连老本都赔上。因此，古玩比其他投资品种更需要专业知识。特别是古董，如果没有专业知识是不可轻易介入的。古玩投资还有政策的风险。根据1982年颁发的《中华人民共和国文物保护法》第五章第25条规定“私人收藏的文物，严禁倒卖牟利，严禁私自卖给外国人。”这一条肯定了私人收藏文物是合法的，同时也否定了将文物作为一种投资途径的行为。因此，古玩投资特别要注意选择投资对象，必须是在国家允许的范围之内。

总之，艺术品市场的水很深，喜欢游泳的人可以从“浅水区”练起，逐渐游向“深水区”，经年冲浪，乐此不疲，在艺术欣赏中受陶冶，练悟性，在学习与研究中逐渐丰富藏品，如此10年20年过去，就会发现，投资在不经意间就实现了，而且回报甚丰。

下面，我们以瓷器收藏为例，介绍一下古玩收藏的门道。作为火与土的艺术，古今瓷器，因其既能给居家增添文化氛围和美的享受，又能给人们带来增值效应，因此，历来便备受人们的青睐。然而，尽管人人皆知瓷器收藏的好处，可真正称得上是一个合格的收藏者，尤其是面对数不胜数的古今瓷器物件，能切实明白地知道哪些才是最值得购藏的人，其实并不多。

当然，在了解了这些知识后，一般人在瓷器收藏时仍应注意下列一些问题：

1. 应看作品的造型

造型往往被陶瓷艺人和收藏家忽视。因为人们最易被色彩打动，而轻视造型本身。作为一种三维空间的艺术形式，造型的本身就能体现出一种精神。或圆润、或挺拔、或纤秀、或雄强、或文儒、或豪放。造型虽是由简单的线条组成，但提供给人们的想象力却是无穷无尽的。

2. 看装饰的效果

既要看装饰是否与造型统一，更要看装饰本身是否新颖和有创造性。瓷质材料的精美决定了装饰也应是唯美的。现在有些陶瓷艺人，简单地将国画画面移入瓷器装饰，效果未必很好。除少数作品外，两维空间的国画移入三维空间并不适合瓷器装饰。

3. 看色泽

青花是否纯净幽远、丰富润泽，釉里红是否红而俗，层次多变，釉色是否亮丽莹透，无斑点瑕疵。如果以上三点都比较符合要求，至少具备了收藏的基本条件。接下来要了解作者的自身条件，是新人新作价位偏低，大胆买下。如果是名人名作还需考察作者的年作品量。同样作品的重复量（瓷器作品由于制作烧成过程的特殊性，一般惯例是允许有几件同样作品的类似），如果量少，价格自然要高，如果量多，特别是重复作品多，建议要谨慎购买。从国际收藏惯例来看，收藏中青年艺术家的作品，看似有一定的风险，实际上云阳 最具价值回报的一面投资。

理财宝典»

在买古玩时，不能只图便宜，只想花小钱就能买到好东西，或只是拣价值低的买入。只要物有所值，就可大胆买入，否则会错失精品，丧失赢利机会。此外，对收藏品要树立长期投资的意识，只有长期持有，才能获利丰厚。最后，妥善保管收藏品，使其保持最佳状态，等到出手时才会实现获利。

瓷器：十年涨十倍的原始股

作为火与土的艺术，古今瓷器，因其既能给居家增添文化氛围和美的享受，又能给人们带来增值效应，因此，历来便备受人们的青睐。

然而，尽管人人皆知瓷器收藏的好处，可真正称得上是一个合格的收藏者，尤其是面对数不胜数的古今瓷器物件，能切实明白地知道哪些才是最值得购藏的人，其实并不多。某单位曾请几个工艺美术大师制作一批瓷器雕件作品，结果因对瓷器市场整体情况缺乏了解，策划者竟不知道如何定价；不少本可优先获得者，也因茫然不知，而无一人购买；事后，当得知这些瓷器作品价格猛升，有人只好无奈地慨叹："错过了一次赚大钱的机会，可惜。"这样的例子虽然特殊，但绝非个别。仔细推究原因，关键就在于许多人对不同瓷器的价值、价格缺乏了解。

在通常情况下，瓷器件的价值大小决定了价格高低，而不同的价格则对应了瓷器件的价值档次。从目前的市场情况看，古今瓷器的价格结构大致可作以下分档。

就年份已久的古旧瓷器而言，位列第一的当推各个朝代的官窑瓷器件，其中又以"御窑"和名头特别响的器件价格为高，因而也最具收藏价值。

官窑之外，各种带堂名款的器件则次之；工艺精湛的民间窑器又次之，其市场价格也相应依次往下。

再从瓷器件的胎体、釉质、烧结、纹饰来看，一般收藏家认为，彩色釉、低温单色釉的价格比青花高；器形特殊的器件，例如官窑的灯、瓶、炉等杂件瓷价，比一般碗、盆、碟等常用器件的价格高；精工细作或器型特大、特小者，价格往往高于寻常物件。

需要特别说明的是，随着岁月流逝，明、清及以前的古旧瓷器件已越来越少，而且因为市场价格越来越高，其赝品也越来越多，因此，对于缺乏经验和眼力的初入行者来说，如没有把握，还是不要轻易介入，改为购藏现代瓷为好。须知，今天是昨天的明天，也是明天的昨天，所谓古瓷是相对而言的。趁多数现代陶艺家所做器件的价格现在还处于低位，择机购藏若干，三五十年以致百年之后，这些陶艺家的作品不也同样会被视为“古董”而增值吗？

在懂得了上述价值分档后，购藏者还务必要了解：瓷器收藏，贵在“文火慢工”，既要心态平和，又能持之以恒。收藏瓷器要有好眼力，瓷器收藏重点要“古、稀、俏、美”。

1. “古”

古瓷、古董贵在一个“古”字。古瓷器属于传统收藏，或称古玩、古董。远古的器物是历史文物，加之瓷器的保存不如金玉、铜石等物容易，越古老越少，越古老越贵。改革开放以来，大规模的基础建设和荒山野岭的开发利用，使不少古瓷器出土重见天日，这便为古瓷宝库增添了不少瑰宝，也为收藏者提供了机会。

2. “稀”

物以稀为贵。如宋代汝瓷，便因其稀有而备加珍贵，尤其是御用汝瓷。据有关资料统计，从北宋晚期至今传世的御用汝瓷总数不超过百件，且分别珍藏于故宫博物院、上海博物馆，其他地区、国家博物馆和少数收藏家手中，故有了“纵有家产万贯，不如汝瓷一件”的说法。

3. “俏”

要注重收藏市场需求量大、行情看涨的古瓷。这种“俏”货价格攀升潜力大。约10年前，清三代官窑瓷器在拍卖会上的成交价才几千、几万元。由于市场需求量不断增大，现在的官窑瓷器成交价已达几十万、几百万，甚至几千万了。另外，国内古瓷的拍卖价近年来虽然不断升高，但与国际拍卖价相比还是较低的，后者往往高出几倍甚至十几倍。因此，古瓷的市场前景被看好，升值潜力仍较大。在 2012 年北京翰海十五周年庆典拍卖会上一件乾隆年间的青花海水红彩龙纹如意耳葫芦瓶以 8344 万元成交。

4. “美”

在宋代五大名窑中，只有定窑烧制白瓷，而汝、官、哥、钧都是以青釉取胜。然而，定瓷精品之所以珍贵，倒不仅仅在于其如雪似银的胎釉，而在于它精美的划花、刻花和印花的纹饰。而汝瓷的精美，可谓宋代瓷艺百花苑中的一朵奇葩。元代青花和清代彩釉瓷器，也都是以精美而闻名，虽然在民间有一定的藏量，但价格也都不菲。在 2011 年的艺术品拍卖市场上，香港“攻茵堂”珍藏的一件明永乐青花如意垂肩折枝花果纹梅瓶以 1.68 亿港元成交。

瓷器收藏一定要心态好，如果把收藏作为一项投资或投机的生意，那还不如将钱投入股市和金市。收藏是个累积的过程，而乐趣就在这真真假假当中体现出来。加上对文化的认知，才能由心感悟到收藏所带来的乐趣。

理财宝典›››

如果你有瓷器鉴赏能力或研究的话，收藏瓷器不失为一种理财的好方法，即使作为重要的古董古瓷器已受到关注，但在一些偏远地区或信息较闭塞的区域，行家仍有淘到珍品的可能。

钱币：回报丰厚的投资

钱币作为法定货币，在商品交换过程中充当一般等价物的作用，执行价值尺度、流通手段、支付手段、贮藏手段和世界货币五种职能，这是钱币作为法定货币在流通领域中具有的职能。然而，当抛开其作为法定货币的角色，而作为一种艺术品和文物，钱币又具有了另一种特殊的职能——收藏价值。

钱币市场的交易向来都是十分活跃的，但各种钱币的成交价格仍然还较低，这正是集币爱好者拾遗补缺和钱币投资者逢低建仓的大好时机。广大钱币投资者应经常进行横向比较，若能适时购进一些物有所值的品种，很有可能获得可观的回报。

投资者将钱币作为投资对象，既可能赢利也可能亏钱。如何才能有效降低投资风险、提高投资回报呢？

1. 看清大势，顺应大势

钱币的行情与其他投资市场行情相同的地方是行情的涨跌起伏变化，并且较长时间的行情运行趋势可以分成牛市或者熊市阶段。行情运行的大趋势，实际上已经综合反映了各种对市场有利或者不利的因素。投资市场行情运行趋势一旦形成，通常情况下是不会轻易改变的，所以能够看清行情大的运行趋势并且能够顺大势操作者，其投资成功的概率就高，而其所承受的市场风险却要小得多。由于目前的邮币卡市场本质上是政策市场，所以政策面的变化对市场行情影响最大，也是钱币市场行情容易暴涨暴跌的根本原因。另外，从宏观面分析，股票市场和房地产市场行情的好坏，也直接或者间接从资金方面对钱币市场行情产生不同的影响。

2. 投资和投机相结合

正因为币市行情容易受到政策面的影响而变化，所以投资者在具体的币市投资操作中，可以将投资与投机的理念、手法结合起来。因为对普通的投资者而言，单纯的投资操作固然可以减少市场风险，但是投资获利不多，时间成本较大。而纯粹的投机性操作，虽然踏准了牛市的步伐会很快暴富，但是暴涨暴跌的行情毕竟是难以把握的，更何况钱币市场行情基本上还是牛短熊长的呢？理想的操作思路和操作手法应该是投资、投机相结合，以投资为主，以投机为辅。或者熊市之中以投资为主，牛市之中以投机为主。

3. 重点研究精品

随着币市可供投资选择的品种越来越多，投资者在投资或者投机时，始终有一个具体品种的选择问题。不同的投资品种一段时间以后的投资回报有高有低。在钱币市场上，经常可以看到有些金银纪念币面市的价格很高，随后却一路往下走；也有些品种在市场行情处于熊市时面市，面市价格也不高，随后其市场价格却能够不断上涨。虽然这些品种短时间里市场价格的高低是受到较多因素的影响，但是长期价格走向却是由其内在价值决定。而内在价值通常则是由题材、制造发行量、发行时间长短等综合因素决定。

4. 资金使用安全

任何投资市场皆存在不可避免的系统或者非系统风险。币市行情由于具有暴涨暴跌的特点，其市场风险在某些时间段还相当大。所以，币市投资者首先应该有风险意识，尤其是短线投机性炒作时。其次，应该采取一定的投资组合来回避市场风险，因为除了价格下跌有套牢的风险外，一旦行情启动还有踏空的风险。

5. 钱币收藏不要冲动办事

购买古钱币一看真假、二看品相、三问价格。要学习掌握购买钱币的交易技巧，在钱币市场或金店内发现自己喜欢的藏品，不要喜形于色，直奔目标，不惜重金买下。而是暗中观察，不动声色，迂回接近，不妨先探问其他钱币的价格，以分散卖者的注意力，然后不经意询问价格，故意把它说得一文不值，在交易实践中，对卖家的商品评头品足，说好说坏那是买家的权力，尽管卖家明知这是买家为压价所抛出的手段也得听着，而买方这时可以把价格侃到最低时再成交。

6. 钱币收藏要有目标、有计划

古今钱币纷繁浩翰，品种极多，仅人民币就有纸币系列、普通流通纪念币系列、贵金属纪念币系列，它们之下又可分若干系列。所以，必须根据自己的财力和爱好，有选择地加以收藏，最好是少而精、成系列收藏。

7. 钱币市场的暴利时代已经过去，不要有投机的心理

钱币收藏是一种志趣高雅的活动，收藏之道，贵在赏鉴。古人谈收藏的益处：一是可以养性悦心，陶冶性情；二是可以广见博览，增长知识；三是祛病延年，怡生安寿。但在市场经济条件下，钱币收藏活动的经济价值导向也是不容置疑的。钱币收藏者要有一个平常心态，由过去趋利性收藏转到观赏、把玩、研究、交流上来，提高钱币收藏的品位，养成宁静、淡泊的操守，摆脱铜臭的困扰和烦恼，感悟收藏真谛。

8. 对于购买者而言，要学会区分卖者所述的“故事”

一般情况下，卖者会拿“祖传”、“扒房子、挖地基时发现”、“急用钱”之类的“故事”说事。须知这些故事大都是卖者自己瞎编的，在美丽的谎言背后却隐藏着蒙骗买者上钩的陷阱。经不住诱惑而盲目买入，事后发现上当受骗者不乏其人。

理财宝典»

搞钱币收藏，对于现代币不要怕新，收藏要尽早，对于古钱币要注意真伪；另外，发现珍品出手要快。

邮票：平民化的邮票投资

邮票也是很多人喜爱的一项收藏，邮票投资应遵循“量力而为、抓住重点、注重品相、避免盲从”四项原则。

邮票原先只是作为一种消遣娱乐，现在已经受到众多邮票爱好者追捧。邮票比古董字画更容易兑现获利，受场地限制很小，而且也节省家庭很多的投资时间，因此这个队伍一直在逐渐扩大。投资不会很大，可以作为业余爱好，加上邮票也给收藏者带来视觉上的高度愉悦感，所以这是比较适合年轻人投资的一种方式。

邮票投资的回报率较高，在收藏品种中，集邮普及率也是最高。但是邮票投资也并不是一本万利的，作为一种投资，它还是存在风险的。而且对投资者的专业知识也有一定要求。有些邮票受人为炒作，价格不容易把握，波动大。

邮市是一个收藏型的市场，邮品的增值要遵循市场经济规律，暴涨或暴跌都是不正常的现象。邮市应该建立在服务于集邮者的基础上，唯有这样的邮市才能发展繁荣。

那么，投资者究竟应该如何投资邮票呢？

1. 坚持量力而为原则

投资邮票，最重要的一点就是钱的来源应当是自己积蓄内的，是暂时闲置不作急用的。如果靠向亲戚朋友借贷，甚至动用、挪用公款，一旦遇上外部环境的变化，邮市不振，一旦被套牢将是非常糟糕的事情。因为集邮热从降温到再度升温，这个周期短的一般要二至三年左右，长的要十年左右，而且这个周期长短如何，并非为一般人所能左右的。

2. 坚持抓住重点的原则

由于每套邮票的选题、设计、表现形式、发行量、面值和发行年代不同，从美学鉴赏的角度就有不同的结论。有的邮票选题符合大众心理，设计精良，发行量小，面值低，受到大众的普遍认同和欢迎，市场价格就看好。而有的邮票选题重复，表现形式平平，发行量大，面值又高，这样的邮票一般在相当长的一个时期内，价格不会发生变化，就是在今后，升值的机会也相对要小、要慢，甚至比不上银行利息。即使价格在一个时期被带上来，收集的人也不会很多，还是卖不出去。因此，邮票投资切不可全面铺开，而要集中有限的资金，瞄准专题集邮队伍这个目标，实施重点突破，以提高投资的效益。一般来讲，1991 年之前的老纪特邮票存世量少，消耗很多，基本上都沉淀在社会，因此，老纪特邮票的价格都较高，保值、增值比较稳定，受市场波动的影响较小，是长期收藏投资群体的首选。

3. 坚持注重品相的原则

品相是邮票的生命，是决定其收藏价值的重要因素之一。珍贵的邮票，如果又有全品相，那么它今后升值的可能性就可以得到保证。如果邮票严重被污染或出现破损或被折坏，即使是珍贵邮票，价格也是要大打折扣的。如果是中低档邮票，一旦出现品相问题，那么就是降价也很少有人接手，因为这样的邮票从投资的角度是没有前途的。

4. 坚决避免盲目从众原则

邮票投资者在一个新的集邮热刚兴起时，可以大量购进邮票，待集邮热发展到一定程度后，可以脱手手中的邮票。当集邮热度在达到临界点后，许多邮票的价位会出现波动或下滑。如果这时手中还有部分高价购进的邮票没有出手，处理的方法有两个：一是在价格悬殊不大的情况下，赶快抛售；二是干脆将邮票收藏起来，以待下一个高潮的到来。当邮市进入萧条状态，邮票价格跌入谷底时，邮票投资者应把握契机，当机立断，以低价位大量购进有前途的邮票。如此操作，一方面可以降低前一个高潮时未脱手邮票的平均价位，使投资整体价格实现合理和平衡，以增强邮票在市场上的价格竞争能力。另一方面，可以增加邮票数量和质量的势能，为赢得更丰厚的利润奠定坚强有力的物质基础。

此外，邮票的收藏与保管是十分重要的。如何保存好邮票，一直是邮票收藏爱好者的一个“老大难”问题，因为邮票是纸和油墨颜色构成的，而纸吸水性较强，即使在十分干燥的环境下也含有6%左右的水份。一有水份，霉菌就可能利用纤维素在邮票上生长，不洁的手指触摸过的邮票，会使手上的有机物质粘附在邮票上，更利于霉菌生长。于是邮票上就出现霉点、黄斑。空气中的氧气也会使邮票发生变化，长期暴露在空气中的邮票，氧气会对纸产生氧化作用，使邮票发脆。此外，印刷邮票时采用的各种颜料，在长期日光照射下，也会发生化学反应，使邮票变色和褪色。

知道了邮票易发生变化的因素，保存邮票应该采取的相应措施也就清楚了，基本方法是：

1. 防潮

阴雨天，不可将邮票放在空气中，不要整理邮票，并要将邮票封存在有干燥剂的玻璃罐或塑料袋中。切忌用嘴吹护邮袋。

2. 注意邮票册受压

邮票册应竖放于干燥处，应该像图书馆内的书一样，站立并列存放，在尽可能的情况下，不要让它东倒西歪，否则时间久了，邮票册就会变形，因而影响它保护邮票的性能。存放邮票册的地方尽可能放些干燥剂。邮票册不能受压，如果把几本集邮册叠在一起，日子久了，下面那些会被邮票册表面的透明纸压出一道痕迹来，从而破坏邮票的品相，邮票因压力还会粘固在邮票册上。

3. 使用邮票镊子

再干净的手，手指皮肤表面总会渗出一些含有油和盐的分泌物。如果用手直接触摸邮票，就会将油和盐沾到邮票上，为霉菌的生长提供了条件。这在当时是看不出发生什么变化的。但若干年后，邮票被你的手摸过的地方，就会出现不同程度的脏污或变霉。所以应尽量使用镊子夹取邮票，养成不用镊子不动邮票的习惯。并且使用专用的邮票镊子，不能随便使用其他的镊子，更不能用医生用的尖头镊子来夹取邮票，那样会刺破邮票，内部又有锯齿纹，会在邮票上留下痕迹，损坏品相。

4. 使用护邮袋护邮

护邮袋是透明材料制品，用它存放邮票既便于随时观赏，又可保护邮票。

5. 保护邮票小窍门

（1）邮票表面有蓝色墨水时，可将小苏打和漂白粉等量溶入水中，将邮票浸入，墨迹可消除。

（2）邮票表面有泥污，先轻轻拭去污渍，将其夹入宣纸吸干，等充分干燥后可用绘画专用橡皮擦去泥污。

（3）邮票表面有印油时，用脱脂棉蘸少许汽油或酒精轻轻擦拭，洗净后置于吸水性较好的纸张上吸干。

（4）邮票为蜡所污染。可将邮票放在两张吸水纸之间，用电熨斗稍微熨烫一下即可消除蜡迹。

（5）霉雨季节，将集邮册成扇形置于卓上，用吹风机清吹，可除潮防霉。

（6）如邮票已有霉斑，可用一小匙精盐放在热牛奶中，晾凉后浸泡发霉邮票一二小时，然后用清水洗净晾干。

（7）有皱的邮票可在清水中浸泡 10－20 分钟后，置于两张吸水纸之间用玻璃板夹紧，干后即可恢复平整。

（8）邮票表面有污垢，可用照相器材商店所售的定影液浸泡五六分钟，然后用清水漂净并晾干，置于吸水纸之间夹紧，过数日取出即可。

理财宝典»»

利用收藏邮票进行投资理财，可谓是投资少，收效大的途径，购买时，要注重眼光，以设计精美、发行量小、面值低的为重点，收购时要以高品相的为重点，最后，收藏期间重在保管，要了解保管的基本方法。

纪念币：在流通纪念币中找寻金子

最近几年，有一部分投资或者收藏流通纪念币的收藏者收获颇丰。确实，在当今众多的投资选择中，投资纪念币逐渐成为工薪阶层最理想的理财渠道之一。纪念币顾名思义，就是为了纪念某个重大历史事件或者历史人物而铸造发行的钱币。

专业人士认为，有意收藏金银币的市民首先要了解起码的常识，如金银纪念币是国家法定货币，只能由中国人民银行发行；纪念币带有国名、面额和年号，通常每枚纪念币均附有中国人民银行行长签字的证书；纪念币发售前，中国人民银行将通过其官方网站对外公布。

中国金币总公司提醒，消费者可借助五个简易办法防范假冒纪念币。一是通过权威媒体获取信息，从中国人民银行网站及其公告中，确定相关纪念币的样式、特点。二是从正规销售网点购买，认准中国金币总公司分支机构或中国金币特许零售商，不在临时性场所买纪念币。三是从纪念币发行要素入手，主题、图案、面额、规格、式样、鉴定证书等要素缺一不可。四是通过工艺质量特点辨真假，在喷砂效果、浮雕造型、彩印效果、材质与重量及专用防伪工艺等方面一一比对。五是通过鉴定证书辨真假，真证书由中国人民银行行长签名，采用专用的防伪纸，文字编号清晰，图案颜色轮廓清楚，层次感好。

消费者对所买纪念币仍不能确定真伪时，可先到当地中国金币总公司分支机构和特许零售商处进行初步鉴定；如需进一步鉴定，可拨打中国金币总公司客服中心电话咨询和预约。如确认是假货，消费者可到购买地或消费者所在地的公安机关报案，以设法挽回损失。

此外，对于纪念币收藏爱好者而言，收藏纪念币应从自己的经济能力出发，量力而行，先易后难，先从最近发行的纪念币入手，最好还要买本纪念币收藏册，每购一枚都应及时放入收藏册内，以防钱币氧化。

选好包装手段是金银纪念币收藏的基本功。可选包装有不属聚氯乙烯的塑料盒、聚酯薄膜袋、纸袋等。可选的材料有聚乙烯、聚丙烯、聚酯薄膜。关键是不能选用含聚氯乙烯的材料包装存放纪念币。

为了隔离空气，一般有气密和真空封装两种方法。气密指隔离空气但不抽净包装内空气。真空封装使包装材料与纪念币表面紧密接触。纪念币中手接触过的地方一定是首先腐蚀变黑的地方，如确要拿放纪念币，应用干净的软纸或布隔开手轻拿纪念币的边缘。

如果你要投资流通纪念币，需要把握下面几点，从而争取获得可观的收益。

1. 注意币品品相

纪念币的收藏和邮票、钱币的收藏一样，也要注意品相，就是外观的完好程度。品相好坏与否，在市场上的价格有所差异。这就和新衣服贵，旧衣服便宜的道理是一样的。

2. 选择投资品种很重要

有时候选对品种可以左右个人投资收益。在行情发展中，抓住领涨的龙头币，其收益往往会大得惊人！

3. 忌买涨幅过大的

一经发行便强势上涨的纪念币，尤为要注意的是近年来发行的纪念币，由于在收藏投资热中价格一路攀升，而市场消耗少，实际存世量已远远超过了市场的需求。涨幅过大并不说明它的投资价值高，而是市场炒作的结果，普通投资者一旦高位“吃进”，随时有可能因大幅下跌而深度“套牢”。

4. 忌买不具独特题材的

从某个角度看，买纪念币就是买题材，有题材就有炒作的概念，就会有庄家进场，而不具有独特题材的纪念币，是很难激起市场的投资热情的。例如，1997 年一季度邮币卡市场狂炒《宪法》纪念币，是借助于错版传闻的题材；炒作《宁夏》纪念币，是由于自治区系列题材的“龙头”币效应。不少独具慧眼的投资者，在跟进买入这类纪念币后都曾赚过钱。

5. 忌买发行量过大的

物以稀为贵之说已是收藏届亘古不变的真理。发行量的多少，是决定其投资价值和升值空间的一个尤为重要因素。通常情况下，纪念币的发行量与市场价格呈反比的关系，量少价高，量多价低。例如：《建行》纪念币，其发行量为 204 万枚，目前市场价格已高达 1300 多元，而《建党七十周年》纪念币，其发行量多达 9000 万枚，目前价格仅为 7 元至 8 元。

6. 忌买狂炒后回落的

在各种纪念币中，常有一些品种会受到市场追捧而成为“黑马”。但这种已经大幅飙升的品种，一遇庄家大量出货，价格便会大幅回落。尽管这类纪念币品种已有相当深的跌幅，但仍不适宜普通投资者参与，因为狂炒过后回落的品种，在高位形成了大量的“套牢族”，价格一旦有所上涨，解套盘就会倾巢而出。这类过时的“黑马”再度被炒作的可能性很小。

7. 逢低吸纳，坚决不追高买入

上班族投资者一般喜欢在行情疯涨时买进，进而被套牢，损失投资。所以，要提醒上班族投资者一定在流通纪念币处于十分低迷的情况下才不断吃进，而后耐心持有，必有回报。

8. 坚定信心、长期投资、稳定回报

流通纪念币的增值趋势虽不是一路上扬，但它一直呈波浪式稳步攀升的势头。只要不追高而选择在低点介入投资的话，其收益如何？仁者见仁，智者见智。

由此，纪念币的收藏潜力一直很大，很适合上班族投资，它不需要花太多的时间去打理，也不需要投资太多钱，但却会有很大的收益。

总体上看，流通纪念币价格不高，投资较小，保存方便，是适合上班族投资理财的长期选择品种之一，其投资收藏前景十分看好。

理财宝典»»

对于初入门的投资者来说，应该要学会纪念币市场中防风险的办法：第一，要注意金银币收藏的系列化。如专门收藏“生肖”、“中国古典文学名著”等某一系列金银币。第二，要把握金银币题材。一些具有民族风格、设计新颖、铸造精良、题材上好的币种往往会有较为广阔的增值空间。第三，买卖金银币要注意技巧。该买入的时候要保证能够买进，该卖出时要保证能够及时地卖出。

石头：抗通胀投资品的新宠

关于奇石，大多是指有观赏价值的石质艺术品，包括造型石、纹理石、矿物晶体、生物化石、纪念石、盆景石、工艺石、文房石等。体量上有大中小之分。它们以奇特的造型，美丽的色彩及花纹，细腻的质地，产量又比较稀少而受到人们喜爱。

奇石的分类，是一项很复杂的工作，从不同的角度出发，可以有多种分类方法，简而言之如下：

依采拾的地域，可以分为山石、平原石、溪河石、海石四大类。

依欣赏的目眼光，可以分为景观石、象形石、抽象石、图案石、纹理石、生物化石等类。

依石态所呈现的主题，可以分为具象与抽象两大类，也就是中国传统美学中的写实派和写意派。

依体量及陈列的方式，可以分为供石、雨花石、生物化石等三大类。

1. 观赏石种类与欣赏

（1）太湖石，又称贡石，久负盛名，它是一种被溶蚀后的石灰岩，以长江三角洲太湖地区的岩石为最佳。“漏、瘦、透、皱”几大特色是对太湖石的要求。

（2）齐安石，产于湖北，与玉无辨，多红黄白色。其纹如人指上螺，精明可爱。

（3）大理石，既是一种建筑材料，又是很好的观赏石，它是一种变质岩石。大理石品种主要有云石、东北绿石和曲纹玉。

（4）鸡血石，为印材中的霸主，价值不低于田黄石。鸡血石要求血色要活，红色处于其他颜色的地儿当中，结合的界限，要像“渐融”的一样。其次红色要艳、要正，浅色不行，发暗或发褐也不行。再次，血色成片状，不能成点散状或线状、条状，最主要要求鸡血石地子温润无杂质，色纯净而柔和。

（5）菊花石，由天然的天青石或方解石矿物构成花瓣，花瓣呈放射状对称分布组成白色花朵；花瓣中心由近似圆形的黑色燧石构成花蕊，活似天工制作之怒放盛开的菊花，故名菊花石。菊花石周围的基质岩石为灰岩或硅质砾石灰岩，灰岩中偶尔含有蜓类、蜿足类珊瑚化石，给菊花石增添了生命活力。因它本身就是一幅天然美丽的图画，若以它精工雕琢成工艺品，更是锦上添花，精美绝伦。我国是世界上绝无仅有出产菊花石的国家。

（6）雨花石，声名远播。雨花石之美即美在质、色、形、纹的有机统一，世界上诸种观赏石以此四者比较，没有能超过雨花石的。

（7）田黄石，是目前印材中的珍稀、绝品石种。此石属叶蜡石，产自福建省福州市寿山乡，1000 年前即有开采。至明、清两代，田黄石更称名于世。在鉴别田黄石时，往往要观其色泽。田黄石有橘皮黄、枇杷黄、鸡油黄、黄金黄、熟粟黄等色别，尤以橘皮黄为上品。

（8）青田石，产于浙江青田县。青田石的石性石质和寿山石不大相同。青田石是青色为基色主调，寿山石则红、黄、白数种颜色并存。青田石的名品有灯光冻、鱼脑冻、酱油冻、风门青、不景冻、薄荷冻、田墨、田白等。

（9）艾叶绿，产于福建、浙江、辽宁，石色如同艾叶般翠绿。艾叶绿是名贵上品，除质地温透精绝外，它的颜色更是浓艳鲜嫩，翠绿无比。辽宁产的艾叶绿是“最上品”。

2. 石品的高下优劣

供石的高下优劣可以按照一定的评介标准来衡量。这里，既有统一而概括的普遍标准，也有按不同类别、不同石种进行同类对比的分类标准。无论普遍标准还是分类标准，都应包括科学、艺术两大因素，这是缺一不可的。同时，由于各石种的形、色、质、纹等观赏要素和理化性质互不相同，风格各异，因而它们的欣赏重点和审美标准也有所区别，我们评品单个供石时也尤其需要注意。

我们还必须记住，奇石毕竟是自然的产物，因此不能墨守成规、一成不变，即所谓“大匠能授人以规矩，不能使人于巧”也。

（1）完整度

指供石的整体造型是否完美，花纹图案是否完整，有没有多余或缺失的部分，以及色彩搭配是否合理，石肌、石肤是否自然完整，有没有破绽。

供石一般不允许切割加工，须尽量保持它天然的体态，如有人为雕琢造型或修饰者，则属于石雕艺术。有的赏石家要求极为严格，连切底行为也不允许，认为底部的安定只能由底座来加以调节。不过，一些石种，比如英石，若不切底，就无法取材。所以切底行为不能一概而论。

在评介一块供石之前，先要从上下、前后、左右仔细端详它的完整度，若有明显缺陷，则应弃而不取。特别要注意有否断损，有的供石断损后进行粘合，则在粘合处留有痕迹。

（2）造型

指供石的形状，这是具象类供石与抽象类供石首先要评介的内容。

“皱、瘦、漏、透、丑、秀、奇”是评介太湖石、灵璧石、英石、墨湖石及其他类似石种的外形的重要因素。凡以上七要素皆备，其造型必美。

①皱。石肌表面波浪起伏，变化有致，有褶有曲，带有历尽沧桑的风霜感。

②瘦。形体应避免臃肿，骨架应坚实又婀娜多姿，轮廓清晰明了。

③漏。在起伏的曲线中，凹凸明显，似有洞穴，富有深意。

④透。空灵剔透，玲珑可人，以有大小不等的穿洞为标志，能显示出背景的无垠，令人遐想。

⑤丑。较为抽象的概念，全在于选石、赏石时自己领悟，“化腐朽为神奇”。庄子在战国时代即提出把美、丑、怪合于一辙的“正美”，以图“道通为一”。后世苏东坡、郑板桥又提出了“丑石观”。其意义在于，千万不要以欣赏美女的情调来赏石，要超凡脱俗。

⑥秀。与“丑”看似矛盾，实为对立统一。强调的是鲜明生动，灵秀飘逸，雅致可人，避免蛮横霸气。

⑦奇。造型为同类石种中少见，令人过目不忘，个性极其独特。

⑧雄。指气势不凡，或雄浑壮观，或挺拔有力。

⑨稳。前后左右比例匀称，符合某一景观自然天成的状态。同时，底座要稳定，安如泰山，不能给人一种不安定感觉。

理财宝典»

在疯狂的石头之中，裸钻逐渐成为又一抗通胀投资品。据估计，约有三分之一购买者是由炒房客、炒股客转化而来，国内游资需要寻找更为安全稳健的投资着陆点，是导致裸钻价格飙升的重要原因。但业内人士也表现出担忧，钻石升值快，但变现很难，如果单纯以投资为目的囤积，可能面临亏损风险。

小人书：只求品质不问价

小人书学名叫连环画，是中国传统的艺术形式。兴起于20世纪初叶的上海。1929年受有声电影的影响，连环画在画面上“开口”讲话。1932年以后，连环画才红火起来，出现了朱润斋、周云舫等名家。1949年后小人书发展进入高潮期。连环画的黄金时代在五六十年代。1966年，文化大革命开始后，中国的连环画创作基本处于停滞状态。1970年开始，小人书的创作出版又形成了高潮。“文革”以后到80年代，小人书发展进入鼎盛期。十一届三中全会后，除去《人到中年》、《蒋筑英》等现代题材以外，还有不少外国名著和中国名著小人书受到欢迎。从90年代开始，小人书的收藏逐渐升温。

小人书是根据文学作品故事，或取材于现实生活，编成简明的文字脚本，据此绘制多页生动的画幅而成。最为传统的是线描画，工笔彩绘本是连环画中的一大形式。现在，由于电影、电视以及动漫等发展，连环画已成为一种回忆，进入收藏市场。它代表了中国文化的一个特殊年代。

连环画虽说是一个独立的画种，却能以不同的绘画手法表现之。水墨、水粉、水彩、木刻、素描、漫画、摄影，甚至油彩、丙烯均可加以运用，但最为常见的、最为传统的仍是线描画。早期的线描都是毛笔白描，《连环图画三国志》、《开天辟地》、《天门阵》、《梁山泊》、《天宝图》、《忍无可忍》等等无一不是毛笔之作；陈光旭、金少梅、李澍丞、牛润斋、沈景云、陈光镒、赵宏本、钱笑呆等等几乎都是白描高手。后来的《山乡巨变》、《铁道游击队》、《列宁在十月》、《列宁在1918》、《白求恩在中国》也都是这类作品。毛笔白描为国画的传统技法，线条流畅清晰，黑白分明，易于被接受。除此之外，钢笔小人书、铅笔线描在连环画中也有运用，但精品不多。陈俭是硬笔线描画的高手，其钢笔线描《威廉·退尔》、铅笔线描《茶花女》都是精品之作。工笔彩绘本是连环画中的一大形式，王叔晖的《西厢记》，刘继卣的《武松打虎》、《闹天宫》，任率英的《桃花扇》，陆俨少的《神仙树》等都属这类作品。由于是大师精心之作，这类作品都已成了经典之作、传世之品。以写意笔法绘制的连环画也有，这其中又分水墨写意与彩色写意两种，前者的代表作有人美版的《秋瑾》、《三岔口》，后者的代表作有顾炳鑫的《列宁刻苦学习的故事》、顾炳鑫和戴敦邦的《西湖民间故事》、贺友直的《白光》、姚有信的《伤逝》等。不过，为降低成本，有些彩色绘本在印制时改成了黑白版。钢笔、铅笔素描作品也不少，前者的代表作有华三川的《交通站的故事》、《青年近卫军》等，后者的代表作有顾炳鑫的《渡江侦察记》、郑家声等的《周恩来同志在梅园新村》、汤小铭、陈衍宁的《无产阶级的歌》等。

小人书分为几类，有古代的典集小人书，像我们的四大名著、聊斋志异、封神榜等；还有一类是比较现代的战争一类的题材的小人书，如松江缴匪记、渡江侦察记、三大战役等；再有就是以影视作品为主的沙家浜、红灯记样板戏之类的。但收藏小人书还要把握好几点，首先书要成套，成套的小人书比较有收藏价值，当然原套是最好的，不是原套后拼成的也可以；其次要看作品内容的绘画的观赏性，让人看到后赏心悦目才行，最好要看品相，就是保存得完好程度；再一个要看现在的市场需求，现在市场主要是近代的样板戏最为昂贵，一般一本品相好一点的小人书要价要到 30－50 元不等。

目前，在小人书收藏界中有三类人群，一类是专业“连友”，专门收集上世纪 50 年代到上世纪 80 年代的老版连环画，主要出于投资增值目的；第二类是普通的连环画发烧友，他们多是兴趣爱好使然，为了集齐一套连环画而四处奔波，不惜高价回收，但多为个人收藏所用；第三类是“连友”中的年轻成员——80 后、90 后的新生代。这部分群体多为职业需要而对连环画发烧，例如平面设计师，往往会从连环画中获得灵感。第三类人群的加入反映了连环画收藏的一个发展趋势，就是收藏人群会越来越年轻化，连环画不会因年代的久远而消失。它的收藏讲究：

1. 年份

一般可分为清末民国，文革前，文革后到 1985 年，1985 年到现今。

2. 版别

要求一版一印，印数越少越好。

3. 质量

是不是名家的绘画作品，是否得过奖。

4. 品相

五品以上（不缺页、不缺封面、不缺封底，无污损），品相越好价格越高。

5. 艺术品位

以“文革时期”和“文革”前为佳。

6. 分类

以人民美术出版社、上海人民美术出版社为好，电影版的以中国电影出版社为佳。

7. 开本

常见有六十开、六十四开、三十二开、二十四开，开本越大越好。

8. 颜色

黑白色价格低于彩色的。

9. 装帧

平装价格低于精装的。

10. 套型

单本的价格低于成套的。藏品上留有图书馆的装订痕迹和图书馆的收藏章，这样的连环画是可以收藏的，只是品相稍逊一点，价格会低于没有收藏章和装订痕迹的连环画。有缺页的连环画，是收藏连环画的禁忌，收藏它就没有意义了。

理财宝典›››

以管理资金为主，但不是仅仅金钱才是钱，要知道，一切可以变现现金的物品都可作为管理对象，我们可以从收藏小人书联想到其他的收藏。

红酒：现代而时尚的收藏新品种

收藏级红酒是市场的“硬通货”。实际上红酒本质上只是一种饮品，值得收藏的不过是红酒中的1% ~2%，绝对的百里挑一。

近年红酒行业的整个产业链如同被打通“任督二脉”般一通百通，各个行业纷纷插足经营红酒，红酒代理商层出不穷，连锁酒庄全面铺开；艺术品拍卖市场中大规模出现红酒拍卖专场，香港地区的红酒拍卖引起空前的关注；红酒在消费终端大受青睐，普通收藏者也开始进行红酒收藏。

然而与此同时出现的是红酒收藏乱象频生。“水不清才能浑水摸鱼。”红酒市场刚刚兴起肯定仍处于无序状态，是不少商家所期盼的，可以趁机大赚一把。因此，市场上出现了各种怪现象，如低价从外国买进桶装红酒后在国内分装成瓶并加贴酒标；或把红酒的名字往世界名红酒的名称如“拉菲”身上靠，以误导对红酒的认识只停留于听过“拉菲”的收藏者；甚至连大品牌“拉菲”的“子品牌”也应运而生，模糊了收藏者的视线。

红酒在市场中的勇猛势头有目共睹。现在顶级葡萄酒的价位已经接近历史最高点。比如，2009 年的拉菲就被炒得很厉害，因为据说 2009 年的拉菲是 2000 年之后最好的，于是，前后也就一个月的时间，价格从两万多元涨到四五万元。据公开数据，2011 年上半年，香港拍卖市场的红酒成交总额达到 2 亿美元左右，约为 2010 年同期的两倍；2010 年，全球三大酒类拍卖公司的成交额比 2009 年几乎翻了一番。根据拍卖行透露，亚洲买家已成为红酒拍卖市场的“生力军”，苏富比更透露全球苏富比洋酒拍卖总成交额中，亚洲买家占据57%的份额，其中中国香港及内地买家又占了大半壁江山。由此可见，葡萄酒的收藏和投资除了具备相应的知识之外，还要注意投资的时点和策略。

然而，自2012年底红酒拍卖市场却出现了颓势，媒体报道尤以最著名的红酒品牌“拉菲”受到的影响首当其冲，整体市场价格下跌45%～50%，有行家却还持“红酒泡沫仍存”的观点。不过，也有不少收藏行家认为，值得质疑的是具有泡沫的价格，而不是红酒本身的价值；如果不是盲目追高，以合适价格买入的收藏级红酒确是市场的“硬通货”，收藏价值不可否定。

对于市场种种误区，收藏者必须要意识到“不是所有红酒都有收藏价值”这个基础理念。大多数葡萄酒都是普通餐酒级别的，应该在酿制后就立即饮用，因为它们并没有可以陈年存放的能力，放久了也就坏掉了。只有窑藏级别的葡萄酒才是能够并且值得收藏的，但是它们只占到葡萄酒总量的0.1%不到。以法国为例，共分为VDT、VDP、VDQS和AOC四个级别，只有AOC中的顶级葡萄酒才具有收藏价值。而且每款葡萄酒都有一个最佳饮用时间，只有在适饮年份出售才最值钱。

在投资或收藏葡萄酒时，主要考虑因素包括优良的质量、稀有性、陈年能力以及完美无瑕的来源。当然和其他投资一样，买家在合适的价格买入也是重点。只要选择最好的酒庄及挑选最好的年份，特别是波尔多的顶级酒庄，即使价格稍有浮动，也不用急于出售。

但从市场上可了解到，大部分普通收藏者认为价格在1000元以上的红酒就值得收藏。事实上，真正值得收藏的是世界八大名酒庄的产品，比如法国波尔多分级5级以内的酒庄；但也不是所有八大名庄的红酒都值得收藏，只有其中达到收藏级别的红酒才有收藏价值；另外一些名酒庄的收藏级红酒也有收藏价值。

此外，对于红酒收藏爱好者而言，收藏红酒先学解读酒标。葡萄酒瓶上通常可以看到原产国酒厂的酒标签，还有按进口商及政府的规定附上的中文酒标签。酒标签常见内容包括葡萄酒名称、产区、等级、收成年份、酒厂名、装瓶者、产酒国、净含量、酒精度。

以勃艮第葡萄酒为例：酒标上的“Vin de Bourgogne”翻译成中文就是勃艮第的葡萄酒。勃艮第主要有红葡萄酒和白葡萄酒两种。

新世界的酒标一般都有详细的信息，如葡萄的种类、生产商、酿造年份、葡萄种植区、酒精含量都会在前标上出现，后标一般类似政府忠告等等。

意大利的葡萄酒酒标传递的主要信息是名字、种植区域、葡萄类型、庄园和生产商、酒精含量、葡萄收获年份、等级等。

理财宝典»

近年来，收藏红酒也成了理财的热门，而且，增长势头强劲，但是红酒收藏尽管有上升趋势，赢利大，可投入也大，且保藏也需要一定的条件。因此，收藏红酒先学解读酒标。

七

理财规划：工薪族的幸福理财方案

要学理财，首先要明确理财的目的，只有目的明确，才能树立信心，因为有些增资，比如：你投资复利存款要获得理想的价值增长不是短期能实现的，因此需要你有足够耐心，否则你是等不到让小钱变大钱的梦想实现的。

写一份创业计划书

在现代，不吃大锅饭，自主择业早已不是什么新鲜事了，可有些自主择业者只是有志向、有热情也不缺少实干精神，但缺乏具有指导性的创业计划，所以许多人创业最终失败。

确立了创业动机、选定了创业目标之后，还要在资金、人脉、市场等各个方面做好充分准备。接下来，创业者还要写一份完整的创业计划书，以让行动更有策略性。

对缺乏经验的创业者来说，计划书的作用尤为重要。一个酝酿中的项目，往往很模糊，而通过制定创业计划书，把相关情况列清楚，在运作过程中再注意推敲，这样就能对项目有更加清晰的认识。一份完整、详细的创业计划书，会使创业者在具体实践中胸有成竹，对公司的整体情况了然于心，从而达到事半功倍的效果。

一般来说，创业计划书有三大部分。第一是事业主体部分，也就是事业的主要内容。第二是财务数据，比如：营业额、成本、利润、未来还需要多少周转资金等。第三是补充文件，比如有没有专利证明、专业的执照或证书、意向书、推荐函等。

具体来说，创业计划书的格式如下：

1. 事业描述

创业者需要描述所要进入的是什么行业，卖的是什么产品，谁是主要的客户，所属产业的生命周期是处于萌芽、成长、成熟还是衰退阶段。还包括，企业所使用的是独资还是合伙的形式，打算什么时候开业，营业多长时间等。

2. 产品或服务

创业者需要描述所经营的产品或服务到底是什么，有什么特色，与竞争对手相比有什么优势。这其中，产品服务介绍主要包括：产品的概念、性能及特性、主要产品介绍、产品的研究和开发过程、发展新产品的计划和成本分析、产品的市场前景预测等。在作出详细的说明时，要注意准确、通俗易懂，使不是专业人员的投资者也能听明白。

3. 市场定位

一个正确的市场定位是创业成败的关键。创业者首先需要界定目标市场在哪里，是既有的市场、客户，还是在新的市场去开发新的客户，因为不同的市场、不同的客户对象都有不同的营销方式。只有在确定目标后，才能决定怎样上市、促销、定价等，并可以做好预算。

4. 地点选择

一般公司对地点的选择可能影响不大，但一定要根据所选择的创业项目来选择地点，如果要开店，店面地点的选择以及租金的考虑就很重要。

5. 竞争

当今社会，处处存在竞争，商界尤其激烈。因此，在创业期间，一定要做好打硬仗的心理准备，做好充足的功课，让自己拥有强大的竞争实力。

下面三种情况下尤其要做竞争分析：第一，要创业或进入一个新市场时；第二，当一个新竞争者进入自己在经营的市场时；第三，随时随地做竞争分析，这样最省力。竞争分析可以从五个方向去做：谁是最接近的五大竞争者；他们的业务如何；他们与本业务相似的程度；从他们那里学到什么；如何做得比他们好。

6. 管理计划

据调查显示，中小企业98%的失败来自于管理的缺失，其中45%是因为管理缺乏竞争力。这就要求创业者在经营的过程中，知人善任，找到能够帮助自己管理公司的人才，并时刻把管理放在首位。

7. 人事

人力资源是企业生产活动的一个重要环节，因为人具有主动性和创造性，所以重点要考虑现在半年内、未来三年的人事需求，并且具体考虑需要引进哪些专业技术人才，这些人才需要的是全职还是兼职，他们的薪水如何计算，同时考虑对人才的专业培训成本等。

8. 财务需求与运用

要考虑到融资款项的运用、营运资金周转等，并预测未来 3 年的损益表、资产负债表和现金流量表。

9. 风险分析

不单单是与人竞争就有风险，各种各样的风险是时时存在的，可能是进出口汇兑的风险、餐厅有火灾的风险、政府政策变动的风险等，要随时做好应对风险的准备，并做好相应应对策略。

10. 成长与发展

公司创立并发展一段时间后，下一步要怎么样，三年后又如何，这也是创业计划书所要提及的。企业是要能够持续经营的，所以在规划时要做到多元化，全球化创业计划书是将有关创业的想法，借由白纸黑字最后落实的载体。

总之，创业计划书的质量，往往会直接影响创业发起人能否找到合作伙伴、获得资金以及其他政策的支持。当然依据计划书的对象要对创业计划书做出部分调整，譬如是要写给投资者看呢，还是要拿去银行贷款。这些都需要创业者具体问题具体分析。

成功创业是生财的根本，也是理财的重要主题。写好创业计划书，可以帮自己的理财大业打开一片新天地。

理财宝典»»

一份详细、完整的创业计划书是创业成功的重要保证，相信这对细心、认真的创业者来说并不是一件难事。掌握创业计划书的书写规范，把自己的商业构想用文字表述出来，这种深思熟虑的过程可以提升行动的成功率。

做好储蓄的八大原则

储蓄并不是一件容易的事，需要从很多方面开始努力，方能走好储蓄理财的第一步。这其中有些原则是必须要学习和坚守的。

第一，制定储蓄计划。

正所谓没有详细的计划，就没有真正的开始，也就没有可能养成良好的储蓄习惯，没有积累资本，投资也就无从谈起。所以在储蓄之前，当务之急是要为自己制定一份储蓄计划，越详细越好，并且严格地执行，这样才能保证自己能有存下钱的可能。

第二，最好建立一个自动储蓄账户。

所谓自动储蓄账户就是一个只存不取的账号，每个月固定从你的工资卡上划去一小笔不会影响到你日常开销的钱，这笔钱可能仅仅就是你一顿饭的钱，或者也就是你一次泡吧的费用，当你开始这么做的时候，你就不会再是“月光族”。

这笔存款不能列入你日常开销的部分，即使是到了没有再可支配的钱的时候，这笔钱也是万万不能动的，你要么等到下个月发工资的时候，要么找临时兼职来增加你的收入，这样不仅可以克制你的消费欲望，而且还能帮你开拓增加收入的途径。

不可否认，很多消费者在消费的时候并不是因为需要某件商品而购买它，很有可能是因为这件东西便宜或者现在正在打折，所以往往会抱着“现在不买就亏了”的心态买下很多原本并不需要的东西。这类开销是一种巨大的浪费，所以为了让自己的消费更加理性，能节省下更多的钱用在储蓄上的话也会是一笔不小的额外收入。

甚至你可以列出一个你最常用的物品清单，你可以把这个物品清单放在自己的手机里，在你购物的时候可以随时翻出来看看，从而放弃那些自己根本就不需要的东西，即使在碰到这些东西打折的时候，也坚决不予购买。在经历了一次次的放弃购买欲望之后，你会发现你的生活纵使离开了这些东西仍然可以照常继续，无疑这样做使你省下很多不必要的支出。

第三，学会网购代替实体店。

现在物价飞涨，购物需要的钱越来越多，东西越来越贵。如何在压力如此巨大的社会里花最少的钱买到最需要的东西就是你需要用心考虑的了。在日常生活中，为了知道自己需要购买的东西有没有打折促销，你可以上购物网站，说不定你就能淘到比实体店更便宜的东西。

这一点对于现代人来说并不是什么难事。淘宝、凡客、京东商城、聚美优品、当当、麦考林等，现在的购物网站名目繁多，相互之间的竞争也很激烈，甚至有的网站会为了更多的盈利打价格战。作为消费者，何不就去占了这个便宜呢？这除了能够为自己省去一大笔开销，而且还能节省逛街的时间和精力，用这些时间去忙点其他的事情，丰富自己的业余生活，说不定还能发现更好的理财产品，何乐而不为呢？

第四，选择高利率的银行。

如果你的钱已经积累到了一定的数量，并且你也已经习惯了过省钱的生活，那么当务之急就是换一个高利率的银行来帮你存钱。高利率的银行会带给你更多的利息，不管你是在睡觉的时候，还是在工作的时候，你的钱都乖乖地在银行里帮你生出更多的钱，这会鼓励你继续你的省钱大计，为你节省下更多的钱，积累投资的资本。

第五，省下了多少钱，就要存多少钱。

不管你是因为购物还是因为什么别的原因，省下的钱就一定要存到自己的账户里，要知道，你买一件商品省下来的钱不是为了用在购买另一件商品上，也不是为了让你可以有本钱休闲娱乐、胡吃海喝。

也许你没有料到某一次打折或者降价，无意中省下来了一笔钱，这笔钱就不在你的计划消费中，一定要把它存在自己的账户里，避免不必要的浪费。唯有如此，你才能做到每一分钱都花在了该花的地方，每一分钱都在它应该在的地方。

第六，千万不能小瞧了零钱。

生活中最常见的五毛钱一块钱的零钱是不是就没有用武之地了呢？非也。零钱也应该存起来。这种情况，你可以买一个储蓄罐，积少成多，这个方法虽然看起来比较老土，但是这个方法目的不是让你通过攒零钱实现什么大的积累，而是在于让你养成一个不浪费，珍惜每一分钱的习惯。或许一块钱不会有什么大用处，但是如果是一百个一块钱摆在你面前的话就可以换成一个百元大钞，是不是又可以存到银行里呢？

第七，正确看待奢侈品。

奢侈品对于任何一个人来说都是一种让人难以阻挡的诱惑，特别是对于那些爱慕虚荣的女性，对奢侈品更是情有独钟。所以，冲动的女性在非常希望能拥有某件奢侈品的时候，最好不要立即就拿出自己的信用卡购买，或许这件商品对你并没有那么重要，或者实际上你并不是真的需要。

当你看上一件奢侈品的时候，不要行动，最好等待。等待一个月或者是更长的时间，你就可以回过头来重新审视这件商品，你是不是依旧特别希望拥有它？比如说你每天的薪水为 100 元，但是你希望买一个 2000 元的游戏机，那么你就需要等待 20 天，等自己努力工作 20 天之后，再回头看看是否真的想拥有它。

这样，给自己一个时间上的缓冲，在这个等待的过程中，能让你分辨出哪些是你真的需要并希望拥有的东西，而哪些只是一时冲动希望把它抱回家里的，考虑清楚了再购买比买了再后悔想要退回去要容易得多。

第八，存小钱，买大物件。

生活中难免会有大物件需要购买或更换，当你需要购买大物件的时候，就把这个物品的价钱形成一个账户，把平时省下来的所有的小钱都存放到这个账户里，积少成多，这并不会动用你的固定存储资金。当你坚持下来，通过积攒为自己买到了一个大物件，你会倍感珍惜，也会激励你今后的类似行为。

理财宝典»»

做好储蓄并不容易，需要你有一个良好的习惯外，也要有清晰明确的原则，避免自己一时冲动打破储蓄计划。

成功从小投资开始

在商业世界里，大企业家毕竟是少数，最常见的还是普通的、小成本的经营者，犹如金字塔一样，最下面的一层是由众多的石块堆积而成的，而塔尖只有少数的石块。做生意的过程就像是垒一个金字塔一样，只有从小投资开始，一点点积累，才能做成大生意。

在美国，近年来面向低收入阶层的99美分商店如雨后春笋般纷纷出现，这些商店都有这样的特点：绝大部分商品的价格只有99美分；这些99美分商店主要集中在低收入者居住区和新移民地区；绝大部分99美分商店出售的商品都产自发展中国家。据美国一家市场研究机构分析，包括99美分和一美元在内的廉价商店在2010年的销售额已达160亿美元。99美分商店的成本投入一定不多，但现在却有如此高的销售额。

这说明，投资创业千万不能嫌小。实际上，小投资也可以赚大钱。因为，对于小投资者来说，尤其是在创业初期，小投资可以巧妙地避过融资困难的问题，还可以避免因经验不足而引起大的损失。当然也不能因为投资小就疏于管理，不认真经营。

要想使业绩不断地攀升，不但要选好投资项目，选择那些比较熟悉的、有发展市场的项目，最重要的是要诚信经营。诚信是经商之本，只有热情周到的服务、公道的价格，才能赢得回头客。也只有在这些基础上，才能够完成资本积累、经验积累以及创业理念的不断更新，这时再追加投资，扩大经营规模，通过“滚雪球”的模式不断发展壮大，从而走向成功。否则，一开始就把摊子铺得很大，往往会遇到各种危机困难，从而形成投资泡沫，一旦有风吹草动，泡沫就会瞬间破灭，创业者就会陷入危局和困境。

当然，对规模不同的企业来说，大有大的气派，小有小的玲珑；但反过来说，大有大的难处，小也有小的不足，各有甘苦。投资者在创业时一定要正确看待企业规模的问题，任何事情都有一个不断发展的过程，一点点积累，才是正确的企业发展模式。

周小强先生曾经利用200元白手起家，历经风霜10年，终于创立了移花宫化妆品这个牌子，迄今为止，该化妆品加盟店已经超过180家，产品单品超过1000多个，在世界各地畅销，年营业额突破10亿港币，为此，被认为是投资创业界的奇迹。

周小强创业初期只有200元，但依旧能够通过不断积累，最后的效益突破了10亿港币。犹如小孩子的成长，刚刚生下来的时候都是很小很脆弱，但只要细心呵护，终会有变大变强的一天。

小投资在创业初期的优势是显而易见的。概括起来，包括下面几点：

1. 做小项目需要的资金少，投资门槛低

创立一个小项目需要的资金，多则三五万元，少则几千元。很多年轻人在刚开始创业的时候，并没有很多的空余资金，就算对有多年工作经验的白领来说，虽然有一定的存款作为创业启动资金，但缺少的是商场打拼的经验，一旦经营不善就可能血本无归，因此创业之初选择从小投资开始，实在是一个明智之举。

2. 船小好调头，经营更加灵活

一直以来，人们常用“船小好调头”来比喻具有投资少、建设周期短、抢占市场快等特点的小企业所表现出的较强应变能力。中小投资始终是增强市场活力、提供就业的中坚力量。一方面，它具有填补性功能，适应市场销路有限的小规模生产，弥补大公司的空隙。另一方面，它无须较大的资金额和技术力量，就算遭遇销路不对也能够迅速调整方向。

另一方面，“船小好调头”并不是说企业小就可以这山望着那山高，自恃人员少、产品批量小、资金投入少的特点，随意改变生产方向。如果过于浮躁，则往往会在投资上“翻船”。

3. 小投资的经验、技术要求比较低

一般讲，对于一个经营新手来讲，在进入一个新的领域时，通常信心不足，而如果经营小项目就不用过于担心自己没有技术，没有经验，可以找一个适合自己的加盟小项目。通常，项目总部会有一个全方位的培训，让初始创业者全程无忧。家住湖南长沙的李强，就在环球商机网上找到了一个特色小吃的加盟项目，现在他经营的小店生意非常红火，收入是上班同事的3－5倍。

理财宝典»»

对规模不同的企业来说，大有大的气派，小有小的玲珑；反过来，大有大的难处，小也有小的不足，各有甘苦。立志自主创业的朋友在创业之初，一定要对自己的状态有一个正确的认识，从小投资开始积累经验，由小到大，最终能走向成功。

单身一族理财规划

现代的单身族更多地生活在自我主宰的圈子，拿他们流行的话说是“我的生活，我做主”，奉行的是一桌、一椅、一电脑的家庭办公模式。那么，崇尚自由的他们如何在生活中更好地管理个人的财富，从消费、投资、保障等方面经营自我，以健康的理财方法去实现自由而又美好生活的梦想呢？下面就针对那些单身一族的理财规划做一些方案性的介绍。

于先生，26岁，自由撰稿人，健康状况良好。月均收入5000元，月开支2000元，节余约3000元，常接受一些企业的文化宣传策划，以此项收入拥有活期存款4万元，无负债和保险。除去迫切需要买一套属于自己的房子外，较为满足于目前的有序生活，房款初步打算以按揭的方式进行，首付10万元。就个人的理财投资偏好来看，注重稳健运作，另预计每年安排旅游两次，计划花费控制在1万元以内。

从于先生的个人情况来看，他是一个崇尚独立的文化人，目前月度收支节余为3000元，年度收支节余约为3.5万元。另外，本身有活期存款4万元，因此资金变现应急的能力很强，但资金相对地处于闲置状态；从保障状况来看，目前于先生需要增加商业性的保险作为主要的保障。

总体看来，于先生的财务状况比较简单，生活压力相对较低，没有长期贷款需要偿还，也没有养育孩子的压力，所以生活得比较自在，有着很强的风险承受能力。但严格看来，其财务开支不尽合理。为了更好地实现其生活梦想，建议他对自己的财务状况做如下安排：

1. 预留应急专项资金

应急专项资金作为个人的现金流通畅的缓冲池，对于自由的单身一族来说，显得尤为重要。应急专项资金一般为月支出的 3－6 倍即可，以应付自我重新选择时候的财务收支失衡和生病等不时之需。根据于先生的具体情况，选择 4 倍即可，也就是 2000×4＝8000 元，这笔专项资金以少量现金、银行活期存款和货币市场基金的形式组合即可。

2. 风险规避方案

风险规避方案主要通过保险的方式实现。于先生没有社会保险，应该介入商业保险，以覆盖其可能遇到的各种风险。考虑到他的具体需求和市场情况，目前选择纯保障型保险组合即可，如定期寿险、重大疾病险、意外伤害险、意外住院险、意外门/急诊险的组合，以充分涵盖因人身意外而造成的各种损失。目前每年缴纳 1000 元的保费，基本可得到相关保障 30 万元。

在此基础上考虑于先生的理财目标才是理性和负责的。除去应急准备金和保费支出，其个人资产节余为 40000－（8000＋1000）＝31000 元。

从资料中可以看出，于先生为实现旅游、购房目标需要准备的资金额度为 11 万元。假设于先生目前的收入支出状况不变，到年底其收入节余会增加至 11 万左右。那么，收支就基本持平。考虑到于先生的风险偏好习惯为稳健型，以及资金变现的时间要求，建议于先生主要投资配置型基金以及少量股票型基金。业内专家研究预计，未来 2 年开放式基金的表现可以有效支持于先生的理财目标。

3. 稳中求进方案

尽管单身一族的于先生个人投资理财偏好稳健型，根据其时间宽裕、相对来说信息畅通等特点，仍然建议其可做一些适当的风险性投资，选择一些政策良好的投资理财热点作为切入点，多会有不错的回报。

（1）炒金：正在步入黄金时期

自从“黄金宝”业务开展以来，炒金一直是个人理财市场的热点，备受投资者们的关注和青睐。特别是近两年，国际黄金价格持续上涨。据业内人士称，随着国内黄金投资领域的逐步开放，未来黄金需求的增长潜力是巨大的。国内黄金饰品的标价方式将逐渐由价费合一改为价费分离，相关税费也有望降低和取消，这些都将大大地推动黄金投资量的提升，炒金业务也必将成为个人理财领域的一大亮点，真正步入投资理财的黄金时期。

(2) 基金：备受青睐前景看好

据调查，许多投资者们依然十分看好基金的收益稳定、风险较小等优势和特点，希望能够通过基金投资以获得理想的收益。基金一直备受个人投资者的推崇，去年基金已经明显超过存款，成为投资理财众多看点中的重中之重。

(3) 国债：投资选择空间越来越大

目前国债市场投放品种众多，广大投资者有很多的选择。对国债发行方式也进行了新的尝试和改革，进一步提高了国债发行的市场化水平，以尽量减少非市场化因素的干扰。另外，国债的二级市场也将成为近年的发展重点。由此可见，国债的这一系列创新之举，必将为投资者们带来更多的投资选择和更大的获利空间。

(4) 储蓄：老酒仍可窖出新香

一项调查表明，大多数居民目前仍然将储蓄作为理财的首选。有专家分析，今年，一方面因为外资流入中国势头仍较旺盛，我国基础货币供应量增加；另一方面政府为了适度控制物价指数和通货膨胀率的上升，采取提升利率手段，再加上利率的浮动区间进一步扩大，利率的上升，必将刺激储蓄额的增加，储蓄这一传统理财方式有望成为新的理财热点。

(5) 债券：火爆局面有望重现

近年来，债券市场的火爆令人始料不及。种种迹象表明，企业债券发行有提速的可能，企业可转换债券、浮息债券、银行次级债券等都将可能成为人们很好的投资品种。再加上银监会将次级定期债务计入附属资本，以增补商业银行的资本构成，使银行发债呼之欲出，将为债券市场的再度火爆起到推波助澜的作用。

（6）外汇：投资获利机会大增

近年来美元汇率的持续下降，使越来越多的人们通过个人外汇买卖，获得了不菲的收益，也使汇市一度异常火爆。各种外汇理财品种也相继推出，如商业银行的汇市通、中国银行和农业银行的外汇宝、建设银行的速汇通等，供投资者选择。今后，我国政府将会继续坚持人民币稳定的原则，采取人民币与外汇挂钩以及加大企业的外汇自主权等措施，以促进汇市的健康发展。因此，有关专家分析，今后在汇市上投资获利的空间将会更大，机会也会更多。

（7）保险：收益类险种将成投资热点

与近年来不温不火的保险市场相比，收益类险种一经推出，便备受人们追捧。收益类险种一般品种较多，它不仅具备保险最基本的保障功能，而且能够给投资者带来不菲的收益，可谓保障与投资双赢。因此，购买收益类险种有望成为个人的一个新的投资理财热点。

理财宝典»»

单身一族因其生活的特殊性，很容易忽视个人理财。但是单身一族更应做好理财工作。因为，作为单身不专门对自己的财产进行计划，更易使其毫无控制地流失。因此，将节余的钱进行投资是理财首选。

“第二职业”也是一项不错的选择

在做好本职工作的同时，找一份感兴趣的而且有利于自身发展的兼职，发展本职工作外的第二职业也是一项不错的选择。但我们要事先做好规划，使本职与兼职协调发展。

某外贸公司的小周，白天在外贸公司当文员，一个月能有2400元的稳定收入。依靠着精通外语的优势，每周会有两天在一家翻译公司做英文翻译的兼职，一个月可额外得到1200元的收入。此外，自己还通过网上商店，出售从大市场淘来的首饰挂件，一个月还有400多元的净收益。

在事业单位上班的杨先生，因为工作的缘故，使自己具有较好的人际资源网络。白天他在办公室照常干活，到了周末或空闲，就会到一家直销机构干起兼职直销的工作。这样他每月额外也会有2000多元的收入。

上面两个例子中的人物都是从自己的特长和优势出发，通过兼职增加自己的收入，最直接的好处就是可以更好地改善自己的财务状况。目前，兼职和小额投资成为了很多职场人士的优先选择。自由的市场环境使得这样以个人为单位的经济行为变得越来越受到大家的认可。

从自己的优势出发，总会找到增加收入的办法。与其临渊羡鱼，不如退而结网。

事实上，为了维持基本的生活，你是需要一份工作的。但是，在你工作的时候，你要明白，你不是单纯地为了钱而工作，你工作的目的是为了学到永久性的工作技能，所以，你不要将你全部的时间都用在工作上，而要抽出一定的时间去关注你的公司，你未来的事业。也就是说，你在工作中要带着你的事业目标去工作，而非被金钱所累。

现在，做兼职的人很多，很多人事先没有做好充分的评估、准备和预防，结果导致本职、兼职都不保，钱没有赚到，工作也丢了。有些人却能很好地安排本职与兼职的时间、精力，使本职与兼职协调发展。因此，我们在做兼职时，要事先做好规划，使本职与兼职协调发展，为自己赢得更多的发展机会。

1. 有兼职，更得为本职工作卖力

做兼职首先要清楚，本职工作才是自己工作的重心。成功的兼职者不会因为兼职工作做得不亦乐乎而忘记了自己的本职工作，往往他们为了博得老板的好感，反而做工作会更卖力。

2. 选择兼职时，要有意识地避开与本职工作高度相关的职业

从保护原公司的利益出发，员工在选择第二职业时，需要有意识地回避自己的本职工作，尤其是那些在公司里从事技术、公司战略发展研究、销售等职位的人。这些人应该明白，保护好原单位的秘密，也就是在一定程度上保护了自己的利益。只有企业发展好了，员工的各项权益才有保证。

3. 充分利用在工作中积累的资源和建立的人脉关系进行创业

通过在工作中积累的资源与建立的人脉关系进行创业，这是现代职场人工作的一个特点，也是他们的一个优势。学会充分利用工作中积累的资源和建立的人脉关系进行创业，可以大大地减少创业的风险，因为它相当于其原来工作的延续，进行无缝连接，创业也容易踏上成功之路。需要注意的是，不能因为自己的创业活动影响单位的工作。

4. 将兼职作为改行或选择工作的跳板

兼职意味着比平时花费更多的时间和精力，比平时承受更大的压力。因此，我们最好在兼职之前斟酌一下，为自己做个职业规划，根据这个规划来选择适合自己的兼职，利用兼职来积累专业能力与职场经验。

5. 选择合适的合伙人一起创业

有些上班族没有时间自己进行创业，但可以提供一定的资金，或者拥有一定的业务经验和业务渠道，这时候就可以寻找合作伙伴一起进行创业。与合作伙伴一起进行创业需要注意的事项是：责、权、利一定要分清楚，最好形成书面文字。我们看到无数合作创业的伙伴，在公司没有赢利之前，双方都能够和谐相处，一旦公司赚了钱，矛盾便开始出现，进而一发不可收拾。这种教训是值得吸取的。

6. 做产品代理

现在翻开报纸、杂志，到处是寻找产品代理的广告。这里同样隐藏着一座座金山。如果你有兴趣去尝试，这里有几条原则需要掌握：

（1）尽量不做大公司和成熟产品的代理；

（2）选择产品，必须是真材实料，有合法手续的；

（3）产品的独特性与进入门槛要高；

（4）直接与生产厂家接触，不做二手代理商。

理财宝典»»

从自己的优势出发，总会找到增加收入的途径。与其临渊羡鱼不如退而结网。

普通职场人的理财方案

所谓的普遍职场人员是指：有一份固定的工作但无职无权每月只拿一定量的固定薪酬的人员。他们不是在规避风险、为家庭遮风挡雨，就是在为属于自己的房子拼搏、奋斗，而且伴随对独生子女政策的施行，更多的时候，他们都是在两线作战。对此，业内专家表示，在现有的土地供应政策背景下，作为工薪阶层的普通职员要想圆自己的住房梦，主要还得靠自己努力提高收入水平，同时学会一些理财、投资策略，让自己的财富增值。

俗话说，越有越想挣，这话大体不假。相对于那些经理人而言，普通职员往往投资理财的态度不是很积极，一方面因为家庭的负担，使他们挣扎在收支平衡线上，另一方面，他们对手头那些微薄的收入所能带来的有限的增值感到有些失望，谈起花钱滔滔不绝，说起储蓄理财直摇头。

单从理财的常识来看，普通职员是最需要理财的，这在前面我们已经有过详细的阐述了，况且，人口老龄化趋势的加重，将来一对夫妻需要独自承担赡养四个老人及养育一个子女的重大责任和义务，尤其是当一对“月光”男女走到一起，“月光家庭”随之诞生了。这时候理财就可能陷入一个力不从心的困境。

在某公司做业务员的小王月收入4500多元，汽车从半年前开始月供，首付是老爸出的。他不仅月月光，而且还负债累累：每月1日发工资，不到当月的20日，基本上就囊中羞涩了。

从这些情况来看，作为普通职员的小王具有典型的“月光族”特征：日常花销大、原始积累少、消费无规律，目前的车贷支出占月收入的40%，已成为变相的“车奴”，伴随着今后家庭的住房、医疗、教育、养老等方面的开支日益增多，必须尽快理财。

首先，建议小王目前应该将关注点放在继续深造、提升自我价值和投资能力上，以此提高自己的薪酬水平和投资收益，这才是提升今后生活质量的根本。

其次，建议小王最好做一个强制性的开支预算，在收入的范围内计划好支出。对每月中各项必须支出的项目进行预算，主要包括住房、食品、衣着、通讯、休闲娱乐等方面做一个计划，尽量压缩不必要的开支。如果小王也为此而苦恼，则可以使用一个简单而实用的方法——记账。

因社保的标准一般都较低，所以小王必须购买相应的商业保险作为必要的补充。尤其是医疗方面，要尽量做到保障充分，种类分配合理。在日渐丰盈的基础上，小王可以适当地购买一些投资基金，可避免作为普通投资者因缺乏专业知识和及时全面的消息而导致投资失误的风险。

冯先生，房地产公司公关人员，刚进公司试用期工资是1000元，买一款手机就花了他近两个月的工资。后来，随着业务的开展，逐渐有了更多的收入。又因为自己从事的是房地产业，了解房地产的发展、兴衰，在日积月累的储蓄中，他抓住机会以77万元的价格，买下了一套属于自己的房子。而那时候利息开始下降，房地产开始升温，房子两年内赚了一倍多。随后，作为普通职员的他又有了新的目标。

利用自己手上积攒的现金，付房屋的首期，又买一套住宅，用先前房子出租的租金，来归还新房子的贷款。正如冯先生与大家分享的那样，很多事情尤其是理财投资，其实没时间让你前思后想的，时间就是钱，机会就是钱。随着周边环境的建设、交通的完善，房子升值空间很大，也为将来房屋的出租或转手提供了较好的条件。

理财宝典»»

普通职场人员学习理财其意义更大，因为职业普通，收入一般不高，而通过理财就可以弥补这一不足，对于普通职场人员来讲，最实惠的途径除了进行强制节俭外，就是将一部分节余下来的钱进行有选择的投资。

职场新秀理财有“谱”

职场新秀一方面有很大的上升的空间，另一方面又潜藏着诸多的不安定的因素，因此，此时的理财建议是：除非有相对雄厚的个人资财，一般不要做冒险激进的投资，在稳健中积累资金，累积经验，然后步步为营，为自己财富大厦的建立添砖加瓦。

在奉行狼道的职场生态中，初入职场的年轻人，因为没有经验，难免有许多的顾虑，这其中，打下更坚实的经济基础显得尤为迫切。为此，初入职场的你一方面要尽心工作以便赢得一份稳定和同事的认可，另一方面，积极打理那些属于自己的有限收入，让自己的收入在平衡中渐至富足。

任小姐，女，23岁，单身，某私企职员，工作接近一年，月收入2500元，年终奖金6000元，单位有三险和住房公积金，每月平均支出800元，目前有定期存款储蓄2万元。初入职场的她，面对城市生活的压力备感势单力薄，因此，计划28岁就把自己嫁出去，那样就可以两人一起创造属于他们的美好生活。在这之前，她希望到时能够拥有一套属于自己的房子。任小姐有较强的理财意识，也有一些银行存款，但对于如何高效理财相对陌生。

对此，我们可以看出，任小姐基本是属于工薪阶层，而且是职场新秀，有很多的不确定的因素。具体来说，首先，工作虽然渐至稳定，收入来源也有基本的保证，但年净收入大约在26400元，属于偏低；其次，其保险保障方面，暂无后顾之忧；另外，任小姐目前单身，而且年轻，承受风险的能力相对较强。

针对任小姐的这种财务状况，我们建议其在投资之前，应做好充分准备。比如，她可以咨询甚至请教一些理财方面的专业人士，直接获得投资方面的基本知识。另外，在投资理财品种方面，建议将基金投资作为一个重点品种。可以适当介入货币基金、短期债券基金等理财投资产品的尝试性运作，因为就一般而言，其年收益率分别在2%和2.4%左右，收益稳定，本金较安全，适合短期投资；股票型基金收益率比较高，一般在8%左右，但风险也相对的比较高一些，如果在考虑家庭方面没有太大负担的话，在这方面也可以做一些谨慎性的投资理财。

根据任小姐的财务状况，大体可以做这样的投资理财的综合考虑：以现有储蓄2万元为起点，其中1.4万元买入股票型基金，4000元买入中期国债，2000元买入短期债券型基金。该组合是一个中长期（2年以上）的理财规划，目标年收益率预计在8%左右。然后，将每年的收入都做如此的配比，形成一种相对稳定的长期理财习惯。

郭小刚，23岁，单身，每月收入3000元，由于身体欠佳，每月支出约2000元，没有特定的理财目标。

根据小郭的情况，我们可以从其所需要注意及可选择的财务策划方针出发，对其进行方案的厘定。

小郭理财一个不可忽视的重点就是健康！我们可从健康理财的角度

出发进行理财的最佳性探索。从小郭的实际情况出发，他首先要存放在银行一笔可以供日常生活开支及急需备用的现金，一般来说“应急钱”的储备约为其3－6个月的收入。有了应对健康保障的现实需要还不够。针对小郭的个人情况，可以在保障前提下适当投资保险，在计算保障额时，可依据下列的资料以作参考：

为使基本生活和生命保障得以妥善安排，就应配合不同人生阶段的财务需要，学会使用不同的理财或投资方法。而必须注意的是往后的层面属于层次越高、风险跟回报也越高。所以小郭应该先打好基础再进占更高的层次才是上策。

由于小郭现年23岁，他需要考虑的事情还很多，如进修、购买房产、娶妻生子、为小孩子准备学费、退休等等。在安排财务策划时，小郭可运用多种理财或投资工具配合以达到财务策划的目标。简单来说，小郭可先从简单的方法来选择投资项目。在短线层面，银行储蓄是必须的，因其灵活性可用以配合“应急钱”的作用。除了基本的需要以外，在中及长线层面里，可考虑尝试以每月的定期定额投资方式，运用平均成本法以达到平衡风险及赚取理想的利润。

高先生，28岁，管理学硕士，参加工作不到两年，有公积金。年收入约8万元，月支出3000元左右。继承叔父遗产在市区有一套房子，并且有50万元的活期储蓄，打算近期购买大学城旁边30平方米左右的店面房。然后举行自己的婚礼。

从上面的情况我们可以看出，高先生虽然工作不久，但已具有一定的经济基础，购买商铺其实是希望通过这样一种理财投资促使活期储蓄增值。从高先生提供的基本情况看，商铺可作为备选的投资项目之一，项目本身是否值得理财投资，就需要结合商圈、地段、人气、消费需求、交通等因素综合考虑了。这里需要提醒高先生的是，商铺投资风险相对较大，期限又较长。在当前房地产市场整体趋势并未明朗的情况下，再想通过买卖价差产生效益并不现实。

根据高先生的情况，建议选择时以获取租金回报为主要目的，年回报率应考虑在5%以上，同时商铺总价不宜超过80万元，否则月供压力可能会对日常生活产生影响。综合这些因素，建议高先生的理财要顾及以下几个方面：

1. 将50万元储蓄中的45万元作为投资支出

商铺投资是一种选择，也可考虑投资黄金和股票型基金。投资黄金的主要理由是，未来十年国际商品市场大牛市的趋势已形成，特别是大宗资源性商品和贵重金属资源的稀缺性已被广泛认可；投资股票型基金的理由是，我国证券市场股改已进入攻坚阶段，市场对股市的预期已达到历史低点，但从长远看，中国证券市场一旦能够真正发挥其融资配置作用，市场预期必将出现拐点式扭转。建议选择相对稳健的基金，获得稳定的分红。

2. 活期储蓄中的剩下5万元可作为婚宴、蜜月旅行等婚庆支出储备

建议拿出5万元左右购买货币基金，每月结余可滚动投资。这样，在保证资金流动性的同时可获取高于同期存款利息的收益，且免缴利息税。

3. 适当购买保险

在保证现有生活质量的基础上，建议高先生考虑未来的保险保障。在享有社会养老金和住房公积金的基础上，可每月从收入中拿出500～1000元购买一些健康、意外等方面的险种，从容应对各种突发事件。

通过以上的解决方案，高先生的基本日常支出、投资增值和保险保障的需求都会有相应的满足，也能维持较高的生活质量。

理财宝典›››

理好财的方法要根据个人的经济情况、身体情况以及生活现状有针对性地进行选择，但不管进行怎样的选择总会有一种或几种适合你，要好好把握。

白领一族理财经

相对于普通职员的理财来说，白领一族更多时候缺的不是理财的资本，而是理财的意识和理财的观念。

在成为上有老下有小的职场“夹心族”之前，单身白领一族要想理财，首先必须对自己的财务状况有一个清晰的认识。然后，由此量身定做一个理财计划，并一步一步地实施，这样，才能有效地让家庭财富增值。

田先生，30岁，未婚，月薪3500元，另外重大节日或评为先进还有一定奖金，单位办理了养老保险、医疗保险和住房公积金。现按揭有一套105平方米的住房，尚有6万元本息没有还清，有家庭积蓄16万元，其中2万元国债，14万元定期存款。要承担双亲的养老。

田先生平时没有多少时间接触经济方面的问题，使得他的实际理财能力与他个人的专长不那么成比例，相对理财能力不足。受职业关系影响，理财观念较为保守，对新的理财工具也缺乏了解，只认“有钱存银行”，影响了理财收益的提高。所以，田先生应该转变观念，积极涉足开放式基金、债券、黄金外汇等新的理财渠道，确保个人资财的增值。

提前偿还贷款，节省每年6%的利息支出，节省的费用可以用于改善老人的体质，减少医疗支出；加大国债投资力度，获取超过银行存款的收益。将超收益部分拿出适当资金购买保险，可根据需要进行测算，即已经有多少保障，还需要多少保障，然后采取补偿的方式；建立定期定额投资账户，适当投资开放式基金、黄金等新型投资保值工具，用以积累子女教育基金和双方父母的养老基金等；为自己买一份专门为办公室工作人员定制的保险作为医疗保险的补充。

肖先生，26岁，销售部经理。做外贸生意，以自有资金购置住房两套，家中存款约30万元左右，贷款购置门市1套，有汽车1辆。每月总开销为7000元左右。目前准备投资一个环保项目，由于项目的投入资金可能很大，计划采用自有资金和贷款的方式进行投入。

肖先生是生意人，投资意识非常强，也喜欢冒风险。像他这样，尽管目前家庭收入不菲，但是，如果投资出现了意外，整个家庭就会陷入经济危机。因此，在考虑投资同时，还要考虑家庭的保险。

肖先生要为自己建立意外伤害保险、医疗保险，为父母建立养老保险，每年的保险支出大约为1万元，以增强家庭抵御风险的能力；在门市贷款方面，因为有租金作为还款来源，因此没有提前还贷的必要，以免占压资金影响商业周转。即使短期租金偶尔中断的情况下，其收入也足以支撑一段时间；至于投资环保项目，应该说是十分可取的，现在关键的问题是要考虑所投资项目的收益率能达到多少，是否要高于银行的贷款利率，其投资年限是否合理等。

张女士，26岁，一家网络公司主管，单位包吃住，固定月薪为5000元，加公司业绩提成大概每月在2.5万元左右，购买了基本的社保，没有其他的商业保险。银行定期存款有16万元，活期存款2万元。每月为自己添置衣物及其他开支2000元左右。准备为父母购买养老保险；两年内准备购置40万元左右的住房及10多万元的小车；一年内购买其他类的保险；希望有些稳定又能增值的投资，增加收入。

张女士作为80后的新鲜白领拥有太多令人羡慕的地方了：高额的收入、丰厚的存款，还有很重要的一点是年轻而且没负担。更可贵的是，张女士对支出方面把握得很好，每月支出不超过其收入的十分之一，整个财务状况非常稳健。从张女士的计划目标看，张女士颇具理财意识，对自己的未来已经规划得比较有条理了。下面就针对张女士的个人财务情况和理财目标做些较为具体的分析和介绍。

为父母购买养老保险：张女士对父母的养老问题非常重视，而为父母购买养老保险无疑也是一个合适的决定。尽管不知道张女士父母的年纪、收入水平和保障情况，无法给出一个确切的答案，这里建议张女士用需求法来算算应该买多少养老保险才足够。也就是说先确定父母退休后需要多少钱，已有的保障是多少，还缺多少。缺口用养老保险填补，那么经过测算就可以大概知道需要多少养老保险了。

两年内准备购置40万元左右的住房及10多万元的小车：按照张女士的收入状况，这两个目标都可以实现。建议张女士以按揭的形式来买房，首期两成约8万元，剩余部分按揭30年，年利率按5.814%计算，则每月只需要支出1880多元。购买汽车需要考虑更多的是养车的成本，汽油、养护、车位等日常费用，这会增加支出。不过按照张女士目前的收入状况，买车问题并不大，也建议张女士以贷款的形式买车，按贷款一半5万元，3年期，年利率6.3%计算，每月约支出1528元。据此测算，张女士每月的贷款支出在3408元左右，加上日常支出2000元/月，则每月支出约在5400元左右，这对月入2万元以上的张女士来说压力并不大，而买房、买车的首期一次性支出为13万，这完全可以用现有的存款来满足。同时，在资金充裕的情况下张女士可以考虑提前还款，减少利息支出。

为自己购买保险是张女士的又一个明智的决定，对于年轻的张女士来说，意外、医疗是首要考虑的保障需求。我们建议张女士考虑纯正的意外、医疗保险，而万能险暂时不要考虑太多。而对于保险的保额和保费的确定可以参考“双十原则”，也就是说以年收入的十分之一购买保额为年收入10倍的保险。

对于其希望有些稳定又能增值的投资以增加收入，张女士的年龄和收入状况完全可以支持她进行积极的投资策略，但考虑到张女士的投资偏好、投资经验和工作时间等因素，我们建议张女士以投资基金为主。

基金的选择可以考虑积极型和混合型基金，我们建议积极型基金占6成，混合型基金占4成，操作方法以定期定额投入为主。

理财宝典»

相对于普通人来说，身处白领阶层的人士更是有财可理，而对于白领人士我们提出的理财忠告是：1. 在家庭中选定专门的钱财管理人，避免不必要的挥霍。2. 建立一个收入支出计划，按计划消费。3. 将闲置资金进行投资。

高端经理人的理财规划

理财不是专为低收入的工薪族提供的，应该说，钱多得花不完的高薪职业人更有理由学会理财。

“小财小打理，大财大理法”，作为社会的标杆之一，高端经理人如何打理那些在百姓看来是“巨额”的财富呢？

苏先生，35岁，在北京一外企公司任董事，年收入110万元，每月无储蓄，银行无存款。身体健康，无任何保险。在北京三环有200平方米住房1套，总价280万元，现月供2.5万元；另有一处价值70万元的40平方米老式单元房1套，暂时空置。1辆旧车，现价值15万元；1辆新车，买入价格100万元，月供15000元，养车及其他相关费用每月5000元。

工作之余，苏先生承接了一服装专卖场，投资25万元，目前亏损，预计6个月内不会有好转。目前卖场所有员工租住费用每月支付1万元。欲另购新房，作为卖场的配套使用。

苏先生无其他投资项目，从未进行过证券投资。那么，如何使个人经济状况达到最合理？

理财规划组合以年为单元，建议：日常生活开支12万元；旅游消费2.5万元；紧急备用金5万元，以15万元作为常数；房贷按揭支出30万元；旧车使用费10万元；新车贷款本息支出18万元；房租支出12万元；意外保障、购买人身意外伤害综合保险2800元；国债或人民币理财产品投资6.5万元；空置旧房出租收入6万元；店铺投资。维持现状，继续观察。

苏先生有新房和新车的债务，那么就得为其履行义务，并且为重新购房筹措资金。按理说，苏先生年收入110万元，处于相当理想的状态，应该过着舒坦的日子，不过，刚性支出包括新房贷款本息支出、旧车使用费用支出、新车贷款本息支出、房租支出等就占了好几十万元。至于苏先生想在北京另购新房，也只能等付清现有房贷本息，自有资金筹措到至少50万元以后再行购买。届时，理财规划应作相应调整。至于风险投资，与理财目标相悖，在目前阶段还是作保守型投资的好。鉴于苏先生的年龄、健康状况和目前的经济状况，医疗保险和养老保险宜在两年内切入。这是因为，一方面，重大疾病保险和养老保险产品在这个年龄段购买并不贵，另一方面，这个时间段内，苏先生的资金也充足一些了。

1. 日常生活开支

根据苏先生的收入水平，每月消费四五千元实属正常。但年龄够大，条件优越，建立家庭也是很迫切了。在现代社会，爱情不单需要情感的投入和奉献，有时还需要经济基础来支撑。苏先生在交友时应开诚布公地告知对方自己目前的状况以及承担的经济义务，有了这样的心理准备，这个阶段内月开支1万元不能算少了。

2. 旅游消费

苏先生在外企公司做董事，分公司分布各洲各国，满世界转的几率很大，对旅游可能难以提起兴趣。但面对新的生活，总要创造一些温馨浪漫的氛围吧。当然，在目前的经济条件下，对出境游还是有条件考虑的，甚至没有丝毫问题。

3. 紧急备用金

俗话说计划不如变化快，在经济生活中，银行一分钱不存、家底空空总不是件好事，苏先生万一再遇到紧急情况发生时就更会雪上加霜，而且现今苏先生还得应对有可能出现的房贷、车贷利率上调，以及交友、结婚、生子等情况也亟待解决，以15万元作为常数应对贷款，即使处于升息周期也可以应对自如了。

4. 房贷按揭支出

每年30万元属于刚性支出。

5. 旧车使用费支出

旧车的维修护理成本肯定要高过新车。苏先生应该控制旧车只在城里转转，不跑长途，不仅有利于安全，费用也能节省不少。

6. 新车贷款本息支出

支出就具有刚性，必须如期到位。

7. 房租支出

在目前情况下，苏先生可在工作地继续租个两室一厅的小户型住房，与家人共同生活。

8 意外保障

苏先生做销售主管，外出几率高，必要的风险防范和转嫁准备还得做。每年花2800元，即可获得100万元的意外伤害保障和10万元的人身意外伤害医疗保障。花点小钱，图个平安还是值的。

9. 国债或人民币理财产品投资

从目前情况看，苏先生最为紧迫的是解决住房和换新车两个问题，以缓解那些对富足的生活的干扰因素。要按部就班如期实现这两个计划，风险投资可以适当介入，但建议谨慎而为。因为风险投资在某个时点上既有可能赚个钵满罐盈，也有可能亏个惨不忍睹。显然，这样的投资不适用于像苏先生这样目标性很强的计划。因此，苏先生的余钱只能在保本有息的前提下，选择收益率相对高的投资工具。在目前国内的投资市场上，首推国债和人民币理财产品；而鉴于目前处于低利率期和加息周期，国债和人民币理财产品相比较，人民币理财产品又要优于国债。这是因为：第一，人民币理财产品可供选择的投资期限更多，便于在央行再次加息时灵活跟进；第二，不少商业银行推出的人民币理财产品，其收益率并不比同期同档的国债收益低。若选择人民币理财产品进行投资，则应选择3个月、6个月，最长为1年期的短期产品，以获得银行再次加息带来的好处。当然，苏先生为了少跑银行，省点事儿也可以选择国债投资。

10. 空置旧房出租

人在有钱的时候，可能把每月区区的5000元钱不当回事。但从理财的角度看，这就是一种资源的浪费。眼下，苏先生债务相对还比较沉重，刚性支出压力较大，倒不如乘此机会将空置的旧房出租。一年房租收入6万元，目前来看，6万元占据了可自由支配收入的1/5。因此，空置旧房的出租非常必要。

11. 店铺投资

苏先生年初开的服装专卖店目前处于亏损状态，并且预计未来的半年不会好转。对此，苏先生应对此项投资重新进行考察分析和评估。目前的亏损是由于客户资源的积聚和店铺品牌的打造需要一个逐步积累的过程，那它是一个先苦后甜的事业，苏先生就应坚持下去，甚至不惜追加一些投资；但如果说这种经营和投资没有市场，前景暗淡，那么苏先生就应当机立断，以将投资的损失和风险控制到最小限度。

理财宝典»»

对于收入高又是单身的一族，因其经济负担小，应收缩自己的经营项目，关闭赢利低或亏损的项目，专心经营前景看好的项目，整合现有资金，如有精力，可多做观望、论证后再选定经营目标。

单亲家庭财务安全计划

目前，中国的离婚率已经达到了15%，并且呈逐渐上升趋势，于是单亲家庭越来越多。一个不容忽视的问题是，许多人离婚之后，相对较低的工资收入和较为保守的投资方式，都有可能使他们形成潜在的财务危机。

对单亲家庭来说，防范风险、建立财务安全网是理财的基础和重中之重。实现的手段主要是保险和备用金，将不少于1万元的人民币存入银行，固定不动，以备不时之需。除此之外，建议现有资产和今后收入节余按5:5分别进行权益类投资和固定收益类投资。

显然，单亲家庭的保险额度至少应为子女成年前所需的生活费、学费的总和。如果经济能力充裕，则可趁早为小孩规划独立的保单。因为附加在父母之下的儿童保障最高只保障到25岁，为避免单亲家长因身故而保障中断，最好让子女有独立周全的保障。

在规划之前，应先遵循两个原则：一是重要性优先紧迫性原则。在你的规划中一定要分清次序，首先为最重要的事情提前早做安排，比如为你和孩子做好保障计划。二是长期目标优于短期目标原则。可能你现在房子不够大，想尽早改善一下居住条件，也可能你想近期买一辆汽车方便接送孩子，但在这些生活目标实现之前，一定要保证你的退养计划和孩子的教育基金已经建立。

考虑到上面这两项原则，单亲家庭在进行理财规划时，不妨从三个大方面入手：保障、退养、教育。

1. 实现基本的生存保障

单亲家庭理财的第一步要从风险规避开始。很多单亲家庭常咨询给孩子买什么保险，其实对于单身家庭来说第一顺序应考虑自己。如果财力较殷实，有节余后再考虑孩子的健康险。通常你可以选择成熟的保险产品，在这里要说明的是，你一定首先考虑保险的保障功能，比如意外险和大病险。选择定期寿险可单纯地规避风险，在这基础上如果你的财力足够，再适当考虑兼具投资保值功能的万能险附加大病险亦是不错的选择。

显然，假如爸爸或妈妈出现了风险，能以较低的成本给孩子留下一定的保障，当孩子长大时可调低保额，加大用于投资的部分。单亲家庭压力较大，突发重大疾病对整个家庭都是灾难性的，附加大病保障能够分散健康风险，比单独购买大病险会较省钱。不建议保费太高，年保费通常不要超过你收入的20%。

2. 提早打算退休生活

单亲家庭未来的生活可能存在很大的不确定性，但不管如何变化，为退休后的生活早做打算是从现在这个时刻必须要开始的，一方面可以通过未来的保障解除后顾之忧，另一方面也为将来子女对父母的赡养减少压力。

退养计划的第一步要了解你对退休后生活的预期，计算出你退休后几十年需要的费用，从而倒推出你现在的资金缺口。根据你现在的收入节余状况以及资产投资状况，再考虑你风险承受能力的前提下重新调整你的投资组合和预期收益。比如，你是温和积极型的投资者，但你原来大部分资金可能都只是在银行存定期存款或者购买国债，虽然无风险但收益有限，长期考虑你的资金缺口可能难以弥补，因此你可以在承受能力允许下进行一些基金、非固定收益理财产品等的投资，使投资组合的综合收益率达到你的测算标准，保证你整个计划的执行。

3. 为孩子教育储备资金

教育计划的指导思想应该是“专款专用，化零为整”，整个计划其实是由不同期限的若干小计划组成。你的孩子明年上小学，7年后上中学，13年后上大学……那就意味着你要确立1年期、7年期、13年期等不同期限的投资，当然期限不同投资产品也会不同。很多人喜欢先攒够上小学的钱，上了小学再开始攒上中学的钱，上了中学再考虑上大学的钱，事实上这不是一种好的财务规划，没有体现长期投资的时间价值。

当然，根据期限长短和目标紧迫性不同，各期限计划资金可以按时间长短反比例递减分配，同时配合定期定投的方法，实现远期目标早打算的目的。此外，还要科学地安排好孩子的零用钱和每年数字不小的“压岁钱”，从小树立孩子的理财意识，这样不仅可以减轻单亲家庭的负担，也培养了孩子良好的理财习惯。

理财宝典»»

单亲家庭是指：家长只有父亲或母亲，一方带着孩子生活。在财务规划上，单亲家庭需要提早准备，确保物质生活得到切实保障。单亲家庭只有一个经济支柱，健康是幸福生活的基础，除了基础保障之外，健康也是另一种意义上的投资，因此一定要舍得花钱锻炼身体，保持身心的健康，精心地规划才能够最终得到顺利执行。

适合小本经营者的四种创业小店

如果你不甘心于上班族的平淡与寂寞，想在人生舞台上一展拳脚展示自己的魅力，打拼出一片自己的灿烂天地，那么以下的开店参考或许能给你带来一些启示。

1. 开间个性化 T 恤店

个性化是眼下很时髦的词，人们好似已经厌倦了衣着的千篇一律，在街上走着，碰到与自己身穿一样的人，总会有一种“撞衫”的窘迫。

但如果所穿的衣服，全世界仅此一件，那该是什么样的感受。

因此，小本经营者可以选择开一间个性化的T恤店，将所有T恤的图案都制作的十分特别。可以把它制作成中国传说的剪纸图案，也可以是十二星座的图案等，任何有特点的图案都可以印在T恤上。店主不仅可以为顾客提供个性化的成品，还可以让他们享受个性化的服务，比如：根据顾客的要求改变图案的颜色，加印名字或其他文字，还可以让顾客自定照片或图案等。

当然，开个性化的T恤店也是有一定难度的，在T恤店的背后，最好是要有自己的制作工厂，而其中的图案设计及工艺人员也是必不可少的。但是需要注意的是，商品如果过于个性化，就会曲高和寡，失去市场受众，如果这样的话，个性T恤就不会有很好的销量。因此，店里的T恤既要有大众化的市场基础，又能体现个性化，这样才能在同类产品中脱颖而出，生意兴隆。

2. 开间果汁屋

现代人越来越重视饮食质量，尤其中意于食物的原汁原味。出售新鲜的榨果汁正是迎合了都市人的需求。顾客来了，果汁现榨现卖，喜欢什么口味就榨什么水果，这既满足了现代人快节奏的生活，又满足了顾客对于健康的需求。

开果汁屋的关键之一就是选址，只有选好店址经营起来才能更加容易。在选址过程中可以考虑以下几个地点：

（1）大型购物中心和综合性商场内，面积10～30平方米较为合适；

（2）商业步行街，在南方有的商业步行街比购物中心更具有优势；

（3）大城市的综合写字楼内，办公人员不低于8000人为好；

（4）快餐区、娱乐休闲区等年轻人比较聚集的地方。

其次，果汁店的装修也是一个重要环节。店内的装潢一定要精巧别致，最好将室内设置成一个水果的造型，然后里面摆一个一米多长的吧台，备榨的水果尽量丰富新鲜一些。同时要注意店内凳子的数量，一定要备足，为顾客提供可以暂时歇脚的地方，这样也可以加速客流量与销售量。

最后，对于那些怕麻烦的创业者来说，果汁屋也是一个不错的选择。因为开果汁屋手续比较简单，只需购买桌椅、柜台、榨汁机、冰柜以及杯碟等，再加上房租水电费以及简单的装修，投资也就 2 万元左右。薄利多销，就算在淡季也会有可观的收入，能够很快地收回成本。

3. 开间花店

随着人们生活品位的提高，休闲插花也逐渐成为一种时尚的休闲方式，对鲜花的需求量也会激增。

首先，开花店的成本很少，有 3 ~ 5 万就能运作起来，花店店面的要求也不是很高，小花店 20 多平方米也就可以了，每天花材的更新消费也就是 200 到 300 元不等，日常流动资金不需要很多。

其次，鲜花的消费人群比较广泛，比如：去医院看望病人，鲜花就比较合适；看演出和电影的人也会购置鲜花；学生会经常购买鲜花和礼品；都市白领也会买些鲜花来布置自己的办公室；很多单位举办活动，就需要购置大批花卉。这些消费人群，都可以保证花店的正常经营。

当然，在开花店之前，你最好是去学习掌握插花这门技术。插花是门技术，更是艺术。要了解包花、插花技术，还要知道什么花送什么人，什么场合用什么花，这些既可以向专业花艺师学习，也可以通过插花书籍，自己多加练习，慢慢地熟能生巧。在经营的过程中，一定要保证鲜花的新鲜，要有诚信，要为自己挖掘潜在客户，因为服务性的行业，最重要的就是口碑，大家口口相传，无形中为自己赢得了更多的营业额。

最后，开花店受益最大的还是创业者自己。在花房中，远离勾心斗角、嘈杂纷乱的环境，听听喜欢的音乐，闻闻花香，再泡上一壶清香的茶水，就会让你抛下所有烦恼，尽情享受眼前的宁静和安逸。

4. 开间茶坊

茶坊对于现代人来讲，真可谓是一处修身养性、放松自我、停泊心情的阳光地带。开办一间独具特色的茶坊，不一定要在都市的繁华地段，也不一定需要多大的房间，但店面装修一定要别具一格，店内设置一定要清新高雅，服务人员要具备必要的茶道知识，店名也要雅致，店内可有背景音乐，也可设几个书架摆上数种休闲报纸杂志，还可以开设各种棋类及书法等怡情项目，让茶客在一壶茶、一本书、一盘棋中品味人生，享受生活的乐趣。

当然，开设茶坊，需要创业者具备一定的文化修养和审美水平，唯有如此，你的茶坊才能彰显茶道的内涵，以不同凡响的品位吸引顾客。

理财宝典»

对于小本经营者来说，开一间小店容易操作，并且能够引起当事人很大的兴趣，进而从中得到锻炼与成长。不过，更重要的是，我们要重视自己的掌控力，务必找准自己的创业方向。

适合女性的创业方案

今天，创业再也不是男人的权利，在这个火热的年代，很多女性更加的独立自主，踏上了创业的路途。

李静，相信大家都不陌生，但她被大多数人熟悉的角色是一名主持人。然而她的角色绝不单单只是主持人这么简单，从央视节目主持人，到独立节目制作人，再到怀揣风险投资的二次创业者，李静自己都没有料到会一再完成自我超越，成为一个商人，而且还是一个非常成功的商人。

李静的成功不仅在于她本身敢拼、不服输的性格，还在于她找到了一个适合自己的创业模式：以自己的节目内容为支撑，聚合与自己相熟的时尚界达人，发展化妆品、护肤品等自有品牌，进军电子商务领域，从这之后就有了今天的乐蜂网。李静成功后，接受了数字商业时代杂志记者的采访。下面是二者的对话片段：

记者：当初怎么考虑乐蜂网要卖护肤品，而且还要做自有品牌？

李静：自有品牌开始没有想得特清楚。最初和沈总开会的时候，我什么也没有听懂，出现了很多我生命中从来没有听过的词汇，但是我的搭档王总（乐蜂网CEO王立成）在零售业呆了很长时间，他知道卖别人的东西永远不能赚钱。做什么内容呢？我第一个想的是护肤品。当时老沈还问我，什么叫护肤品，跟化妆品有什么区别。解释后他也不清楚，就说你们做吧。我和王总都挺胆大，决定特别快，推进速度也特别快。这些是命运使然，我做很多东西都是被推着做的。

李静：我一直没有搞明白一件事，是先进行深层次的市场调研好，还是不进入好。其实我们是做着做着才知道原来中国有那么多的电子商务。有的时候，先期不要做调查，先说你很棒，然后就开始做。创业初期要有一点点掩耳盗铃，无知者无畏。

记者：你想没想过三年后赚这么多钱？今年能做到多少？

李静：去年销售额达到3亿。我看有人发微博，说怎么可能？我们今年预计要做10亿，现在有90%的把握。

可见，女性创业需要一种冲动，一种敢作敢为的大气。李静是在误打误撞中找到了适合自己的创业项目，之后不断地跨领域跨行业发展。这对于所有有志女性而言，无异于是一种激励的力量，一个好的榜样。

针对女性细腻、亲切、温柔的特点，下面列举一些适合女性的创业项目，希望能够为广大女性找到适合自己的创业方案提供帮助。

1. 服装类项目

作为女性创业的传统项目，很多女性在确立创业之前，首先选择的就是开服装店。服装类项目的优点就是，一般女性都比较感兴趣，上手快，也不需要特别的专业知识，对于创业资金的要求也不是很高。

首先，开服装店最重要的就是进货，只要所进的货受到消费者的青睐，就不怕没有好的销量，销量上去了，收益就大了。这要求你在进货的时候做好详细的市场调查，去深入了解当季最流行的款式是什么，流行的颜色是什么，一个对市场足够敏感的老板，还能嗅出下一季的流行是什么。

其次，进货之后还要详细地分析产品的市场价格以及竞争度。众所周知，商家不会按照进货价卖给消费者，都会对衣服加50%左右的价格，如果按照每件衣服50元的进货价格，销售起来就卖100元，那么纯利润就是50元，但要在激烈竞争中彰显自己的优势，在衣服价格不变的情况下，将服装的价格调整为95元，这时虽说利润减少了5元甚至更多，但确实让自己店铺的商品有了一定的价格优势，“薄利多销”说的就是这个意思。

2. 精品饰品、化妆品类项目

近几年，“哎呀呀”女孩用品专卖，带动了大批女性从事这类项目，或加盟，或是自己开店。它市场容量大、门槛低的特点，吸引了女性的青睐，再加上女孩天生对饰品的热爱，女性都是从女孩阶段过来的，因而也就有说不出的亲和感。

女人爱美，爱屋及乌，因而顺带对化妆品就产生了浓厚的兴趣。化妆品行业的利润之大自是不必赘述。美容院的护肤品、化妆品少则几百，多的可以上万。再加上新时代的女性舍得给自己做美容投资，只要拥有几个固定的客户，美容院不仅能维持正常的开支，还能获得不菲的利润。

3. 家政服务项目

目前，清洁、家政服务的需求越来越大。它的经营项目可以是单项也可以是综合的，诸如开设老年护理院、小学生接送服务、信息服务中心、婚姻介绍所、洗衣服务等。开办家政服务社，投资少、风险小、见效快，还可以解决一些下岗职工的再就业问题，有很大的发展前景。

有市场敏感度的女性朋友就可以开一个自己的家政公司，把身边的姐妹召集起来，在自己的社区，既方便又便于了解小区内的需求，只要真心去做，在社区内获得一个好的口碑，随后以本社区为基点，不断向四周社区辐射，规模就会不断扩大。

4. 特色小吃项目

如果女性对自己的厨艺足够有信心的话，那就在闹市区开办一家有特色的小吃店，把自己的手艺变成一种商品。如今，都市快节奏的生活，上班族在中午或者不吃饭或者去附近的快餐店随便吃个汉堡，饮食实在是不健康。如果你的小吃店既实惠又健康卫生，一定会受到欢迎。这个小吃店以经营家常饭为主，以薄利多销为经营宗旨，经营品种以地方特色饭菜为主，最重要的是健康卫生。这样，既可以做自己拿手的事，又能为都市上班族提供健康、方便的饭菜，何乐而不为。

综上所述，女性不论选择了何种创业项目，都应该要保证诚信经营，把目光放长远，树立良好的口碑。同时遇到困难不轻言放弃，创业过程中难免会遇到挫折，一定要相信坚持就是胜利，顺境时能居安思危，逆境时也能调整好心态。

理财宝典»

女性生来所具有的细腻、认真、有亲和力的特点，使得很多服务性的小项目都很适合女性。充分发挥自己的优势，通过诚信经营、做良心买卖来创造更多的财富，可以助女性在生财、理财方面的一臂之力，实现自己的人生价值。

附　录

理财小测试

假设你花了150元，买了一张大型演唱会的门票，到了演出现场却发现门票丢了，你会再花150元买票进场吗？

同样是一场大型演唱会，但你打算到了演出现场再买票，买票前却发现丢了150元，不过你身上还有足够的钱，你会不会买票进场呢？

理财心理分析：

测试结果是：大多数人在第一种情况下，可能掉头而去，而遇到第二种情况却舍得再掏腰包。其实，两种情况下你都损失了150元，必须再花150元才能享受到精彩的表演。大多数人觉得，第一种情况等于是买了2张票，花300元看一场表演，本来票价就嫌贵，花双份的钱当然就无法接受了；而第二种情况，你觉得丢了150元钱与看表演没有什么关系，钱是钱，票是票，你感觉票价还是150元。

划分心理账目是人们普遍的理财心理。有时候，这种心理的影响是积极的，因为把收入分门别类，赋予其不同的价值，可以避免浪费，有效地储蓄或投资。可人的自制力有限，比如你会精打细算地把每月3000元薪资细分为不同的账目：1500元留作日常消费，1000元存起来准备为孩子买一架钢琴，剩下的500元买点邮品收藏。这个时候的你是理性的。但是，假设你与同事一起逛商场，大家对你试穿的一件1000

元钱的衣服赞不绝口，纷纷劝你买下来。于是，你毫不犹豫地买下了这件衣服。孰不知这不仅意味着你500元的邮品没有了，还意味着你这个月只剩下1000元的日常费用。这个时候的你就是情绪化的。为什么你会动用那500元呢？因为在你看来，500元动用了无关紧要，下个月再说也可以。同样是钱，由于你划出了不同的账目，赋予了不同的价值，你的理财行为就出现了偏差。

假设你除了3000元的薪资外，又有了一笔500元的额外收入，你是把这500元与3000元一样看待，还是大手大脚地花掉这500元？一般人都会选择后者，因为在他们看来，500元仿佛是意外之财，在你心中的价值就降低了。由此看来，你付出的精力越多，时间越长，就越会珍惜得到的回报；你不会珍惜那些付出精力少或时间短的回报，就像有些中了大奖的彩民，很快就把钱花完了，又回到以前的生活状态。这也是划分心理账目的一种表现。

一点建议：

越是面对突然而至的财富，越要进行冷处理。你可以先把那些意外之财单独储蓄起来，认真检查一下已划分好的账目，看看有没有透支的情况或者可以获利的机会。假设有个账目是专为孩子购买钢琴而建立的，只不过还差2000元，或者你持有的ABC公司的股票正蓄势待发，股价上涨指日可待，你的意外之财就可以派上用场，不至于在不知不觉中浪费掉。另外，如果你把“意外之财”储蓄3个月以上，情况就会发生变化。你不再视这部分钱为“意外之财”，因为它们储蓄在那里，就像你的小金库或备用金，给予你随心所欲支配这笔钱的机会，由此带来的满足感与日俱增，时间越长，你就越舍不得随意花掉。于是，你对“意外之财”的认知也就彻底转变了。这是以静制动的方法。